Les 10 plus gros mensonges sur...

Le nucléaire

AF855127

« Les 10 plus gros mensonges sur... »
Une collection dirigée par Olivier Clerc

DANS LA MÊME COLLECTION

Les 10 plus gros mensonges sur l'allaitement, Claude Didierjean-Jouveau
Les 10 plus gros mensonges sur le sida, Dr Étienne De Harven & Jean-Claude Roussez
Les 10 plus gros mensonges sur l'école à la maison, Sylvie Martin-Rodriguez
Les 10 plus gros mensonges sur la sclérose en plaques, Jean-Pierre Maschi
Les 10 plus gros mensonges sur l'accouchement, Blandine Poitel
Les 10 plus gros mensonges sur les vaccins, Sylvie Simon
Les 10 plus gros mensonges sur l'amour et le couple, Yves-Alexandre Thalmann

ISSN : 1951-5391
ISBN : 978-2-7033-0770-9
© Éditions Dangles, 2008.
Une marque du groupe éditorial Piktos,
Z.I. de Bogues, rue Gutenberg – 31750 Escalquens
Bureau parisien : 6, rue Régis – 75006 Paris
Tous droits de reproduction, de traduction,
et d'adaptation réservés pour tous pays.

L'auteur :

Vincent CROUSIER est journaliste scientifique. En 2004, il obtient un DESS de journalisme scientifique et technique. Il collabore ensuite aux services « Monde » de La Croix, et « Découvertes » de L'Express. Aujourd'hui il écrit des articles scientifiques dans le bimensuel Nexus (protéodies, biophotonique, changement climatique). Il a déjà publié en 2006 : « *Génétique : entre réalité scientifique et mythe médiatique* » (Ed. Le Manuscrit).

Vincent CROUSIER

Les 10 plus gros mensonges sur...

Le nucléaire

Dangles
DEPUIS 1926
EDITIONS

Collection
« Les dix plus gros mensonges »

Erreurs, approximations, mensonges délibérés, vérités partielles ou partiales, prédominance d'une seule pensée : peu de domaines aujourd'hui échappent à ces phénomènes. Paradoxalement, la surinformation y contribue. Tant de choses s'écrivent et se publient qu'aucun de nous ne peut tout vérifier. Paradoxalement aussi, alors que l'on aurait pu espérer que la démultiplication de l'information s'accompagnerait d'une pluralité de points de vue, nous voyons au contraire proliférer cette pensée unique qu'il est de bon ton de dénoncer… sans pour autant qu'on lui propose de remède.

L'ambition de cette collection n'est pas de substituer une pensée dogmatique à une autre, ni des croyances à d'autres. En mettant en lumière divers mensonges, elle n'a pas pour but de proposer à leur place des vérités absolues. Son objectif premier est de contribuer à développer en chacun le discernement, la curiosité ; à accepter – quand nous n'avons pas d'autres choix – l'incertitude ou la pluralité d'opinions qui caractérisent tous les domaines intellectuels et scientifiques.

Les points de vue exprimés ici et les mensonges mis en évidence peuvent nous surprendre, voire parfois nous choquer. Devons-nous alors *croire* ou rejeter ce qu'affirme tel auteur ? Ni l'un ni l'autre : il ne s'agit pas de « croire », mais de constater, dans un premier temps, que sur un même sujet existent des informations divergentes. De chercher, ensuite, de se documenter et de réfléchir ; chaque ouvrage comporte une bonne bibliographie à cet effet. De vérifier, quand c'est possible. De tenter de se forger une opinion – ou plusieurs. D'accepter l'inconfort du doute, enfin, quand on ne peut pas faire autrement.

Il faut deux yeux pour voir en relief, deux oreilles pour entendre en stéréo. Il est sain, sur un même sujet, de pouvoir cultiver au moins deux points de vue différents, voire opposés, comme le pratiquaient les sophistes de la Grèce antique. *Le signe d'une intelligence supérieure*, disait Scott Fitzgerald, *est de pouvoir entretenir simultanément deux idées contradictoires dans son esprit, et de continuer d'agir.* CONTINUER D'AGIR. La diversité d'opinions ne doit pas nous paralyser, mais nous donner envie d'aller plus loin, jusqu'à développer une vision plus claire et plus complète.

Si cette collection pique votre curiosité, si elle titille vos méninges et vous stimule à remettre en question certaines idées, à douter de croyances déguisées en savoir et à donner plus de relief à vos opinions, elle aura atteint son but.

Olivier Clerc

AVANT-PROPOS

« *L'énergie est un monde féroce dans lequel on tue tous les jours.* » Cet aveu en forme de constat est celui d'un ancien ministre saoudien du Pétrole. Il résume en grande partie ce livre. Mais le lecteur est loin de se douter de **ce** qu'on tue. Les soldats et civils qui tombent lors des guerres pour l'or noir ne sont que les dernières victimes d'une guerre qui ne dit pas son nom. Le contrôle de l'énergie, c'est **le pouvoir** : sans énergie, aucune activité n'est possible. Or, pour avoir le pouvoir, il faut maîtriser la diffusion des connaissances, quelles qu'elles soient. Est-ce donc le savoir qui est en danger de mort ? Concernant le nucléaire, certainement pas. Ce serait même le contraire : l'information pro- ou antinucléaire n'a jamais été aussi pléthorique et accessible qu'aujourd'hui. Mais l'information scientifique n'est pas un objet intellectuel comme les autres : lorsqu'il existe un enjeu d'exploitation à des fins sociétales, il n'est pas rare qu'elle soit pervertie lors de débats politico-médiatiques. Un seul constat pour illustrer ce phénomène: le « débat » sur le nucléaire oppose invariablement des **pour** et des **contre**, sans demi-mesure. Tout se passe comme si cette science et ses applications ne pouvaient être qu'acceptées ou refusées en bloc. Et pourtant: radioactivité naturelle/artificielle, fabrication d'électricité, soins médicaux, défaillances industrielles ou techniques, rapport avec les médias, culture scientifique/besoin de « transparence » (scientifique ? industrielle ?), radioprotection, faibles doses, bombe atomique, Tchernobyl, contamination naturelle/artificielle, sans parler du statut légal de « déchet »... ce « nucléaire » recouvre trop d'aspects différents pour qu'on puisse se contenter d'être **pour** ou **contre**.

Contre le nucléaire. C'est toutefois la posture qui était la mienne lorsque j'ai démarré l'écriture de ce livre. « Antinucléaire-sans-trop-savoir-pourquoi », je m'étais mis en tête de dénoncer, **du point de vue scientifique**, les mensonges de cette industrie française. J'en étais persuadé: le nucléaire c'est plein de radioactivité, c'est des millions de tonnes de déchets dont on ne sait que faire, et c'est mettre en péril les générations futures. Il paraissait donc assez simple de donner le coup de grâce en expliquant clairement ce qu'il en était. La méthode ? Confronter le discours de « Sortir du nucléaire » et consorts, à celui du « lobby » nucléaire. Mais le résultat fut inattendu. Phrase après phrase, syllogismes après raccourcis simplistes, c'est la prose des « anti » qui ne soutenait pas l'analyse. Il fallait s'en remettre à l'évidence : les menteurs/désinformateurs n'étaient pas ceux qu'on croyait.

Pour autant, pas d'angélisme. Il y a de nombreuses bonnes raisons de critiquer **l'industrie** de la production d'électricité par le nucléaire : j'y ai même consacré un chapitre et la conclusion. Mais elles ne relèvent pas du fait scientifique. Elles sont une conséquence indirecte d'une interrogation jamais abordée, sous-jacente au débat sur l'énergie : quel monde voulons-nous construire ? Simple dans sa formulation, cette problématique soulève des questions qui nécessitent d'oublier un moment le débat sur la **production** d'énergie. Car avant de savoir **comment** on produira « l'énergie de demain », il faudrait peut-être se pencher sur le **pour quoi faire**.

Après l'avoir consommée à outrance, il est de bon ton de faire des « économies d'énergie ». C'est très bien et, comme vous vous en rendrez compte dans les pages qui suivent, même les pronucléaires trouvent le gouvernement frileux sur ce point. Cependant, certaines questions fondamentales restent en sursis. Économies d'énergie : objectif en soi, ou moyen pour arriver à quelle fin ? En d'autres termes, faut-il économiser **pour** économiser, par autosatisfaction (battre chaque année un record de « moindre consommation »), ou aspire-t-on à vivre, d'ici une génération, dans un monde avant tout meilleur, l'aspect de la consommation d'énergie étant secondaire ? À qui ce mot d'ordre est-il en fait adressé : aux pays riches, aux pays pauvres, à tous ? S'il est adressé à la planète entière, entend-on quelque politique suggérer – autrement que par des guerres ou par l'opposition artificielle des « énergies renouvelables » aux autres – qu'il faille repenser, au **niveau mondial** et non pas seulement sous la forme **d'initiatives régionales**, l'approvisionnement en énergie ? Quel processus consultatif sera à même de décider des infrastructures à mettre en place pour concilier les intérêts des économies développées, et ceux des pays dont les moyens ne permettent même pas de subvenir aux besoins fondamentaux de leurs populations ? Si équiper de tuiles photovoltaïques les toits des maisons de régions ensoleillées ne devrait pas, *a priori*, affecter la politique énergétique de l'Inde ou de la Chine, le développement technologique d'une nation se fait, lui, en fonction d'autres régions du monde (matières premières, main-d'œuvre…) et peut soulever de graves problèmes, comme l'ingérence ou les génocides[1]. Faut-il alors retirer tous les ordinateurs et téléphones cellulaires de la circulation, ou plutôt trouver des solutions sur le plan géopolitique, avec toutes les contraintes et subtilités que cela implique ?

1 Cinq millions de morts au Congo, les guerres du Koweït, de l'Irak ou du Tchad, en raison des matières premières que recèle le sous-sol de ces pays, nécessaires à la construction d'ordinateurs ou de téléphones portables ; exactions au Soudan pour l'uranium ou la gomme arabique nécessaire à la fabrication du Coca-Cola, de certains bonbons ou de produits pharmaceutiques. Source : « *Save Darfur. Campaign is a PR Scam* », *Global Research*, 12 décembre 2007.

Si « économiser l'énergie » doit commencer par des gestes aussi simples et essentiels qu'éteindre la veille d'un écran ou les luminaires d'un immeuble de bureaux la nuit, cela implique également une réflexion dont on a peine à entrevoir les innombrables ramifications. Verra-t-on un jour émerger une instance supranationale, chargée d'octroyer aux nations le droit de disposer – ou non – de l'énergie ? Quels en seront les nécessaires garde-fous ? Ses critères seront-ils scientifiques, idéologiques ?

Une telle stratégie d'ensemble est-elle concevable ? C'est en tout cas l'esprit d'un rapport[2] réalisé il y a vingt ans pour le compte de la Commission trilatérale[3]. En 1988, celle-ci demande en effet à trois experts de réaliser une étude sur « l'environnement et le développement », en vue de son meeting annuel de 1990, lui-même devant préparer le Sommet de Rio de 1992. La réflexion fondamentale que soulève ce rapport est la suivante[4] : « La croissance [économique] nécessaire pour faire en sorte de subvenir aux besoins et aspirations futures [de la société] peut-elle être gérée sur

---

2 Jim MacNeill, Pieter Winsemius et Taizo Yakushiji, « *Beyond Interdependence – The Mesching of the World's Economy and the Earth's Ecology* », Oxford University Press, 1991.

3 La Commission trilatérale a été fondée en 1973 par David Rockefeller. Son objectif avoué (voir son site Internet : www.trilateral.org) est de faire en sorte que les trois grandes régions du monde (USA, Europe, Asie) collaborent étroitement, « *en marge de tout cadre officiel* ». Pour ce faire, elle a eu, dès sa mise en place, l'ambition d'être le groupe qui rassemblerait les personnalités les plus influentes du monde, dans le contexte tendu de la guerre froide. Son histoire et l'ensemble de ses rapports annuels sont disponibles sur son site.

4 *Ibid.*, p. 19.

une base qui soit soutenable ? » Vingt ans après, la question est toujours d'actualité. Pourquoi ? Une des raisons que donnent les auteurs est en lien avec le Groupe d'experts Intergouvernemental sur l'Évolution du Climat (GIEC). À l'origine (1989), ce groupe « *ressemblait à une organisation scientifique apolitique* »[5], explique le rapport. Mais dès son meeting de 1990, George Bush, dans son discours d'ouverture, a été très clair : les États-Unis allaient certes financer la recherche sur le climat, mais non seulement il était hors de question de réduire la consommation d'énergie fossile, mais « *encore moins* [...] *de se préoccuper de questions d'équité vis-à-vis des pays en voie de développement.* »

La conclusion que la Commission trilatérale tirera du chapitre « Environnement » de ce rapport est publiée dans le compte-rendu de sa réunion annuelle de 1990[6]. Si les États veulent vraiment protéger l'environnement de la planète, l'enjeu pour la décennie 1990 devient la totale remise en question de la « *conception traditionnelle et conventionnelle de la souveraineté* », avec la mise en place d'une « *autorité internationale dotée du pouvoir d'imposer des mesures aux États souverains* ».

Changement climatique, impact sur les pays en voie de développement, redéfinition du concept de souveraineté

5 *Ibid.*, p. 63.
6 « *The Washington, D.C. Plenary of the Trilateral Commission*, April 1990 », www.trilateral.org, p. 65.

des nations… L'approvisionnement en énergie est à la base de toute activité. Il est inévitable que les bouleversements inhérents à sa totale remise en question, pour des questions de ressources ou de pollution, aient des répercussions mondiales. Comme nous venons de le survoler, nous vivons certainement une époque de **révolution**, qui est sans précédent du fait de la mondialisation. L'Histoire a associé les révolutions à des bains de sang. Le danger vient peut-être du fait que, d'une certaine manière, celle qui s'en vient est en train de passer inaperçue.

Comme précisé au début de cet avant-propos, ce livre a pour but de faire de la vulgarisation scientifique : il ne sera donc aucunement question de coûts, d'investissements ou de rentabilité.

Ce dont il est fondamentalement question avec le contrôle de l'énergie, c'est d'hégémonie. L'influence est un des meilleurs moyens pour y parvenir. Et l'influence à l'échelle des peuples consiste en la diffusion d'idées fortes, via des « leaders d'opinion ». Cela se résume en un mot : propagande.

MENSONGE N° 1

C'est radioactif, donc c'est dangereux

De la radioactivité, on en mange, on en boit, on en respire et… on en émet nous-mêmes tous les jours : à chaque seconde, un être humain émet 8 000 becquerels (Bq). Par endroits, sur la planète, la radioactivité naturelle dépasse même largement toutes les limites officielles auxquelles sa version artificielle est soumise. Pour s'y retrouver, voici quelques points de repère.

Imaginons une personne en direction de laquelle on jette une poignée de gravillons. Tous les projectiles n'atteindront pas forcément la personne : certains finiront leur course par terre, à droite, à gauche, etc. Par analogie, les gravillons projetés sont les becquerels (Bq) – unité de mesure de la radioactivité qui correspond à une désintégration radioactive par seconde – et les cailloux reçus sont les grays (Gy) – quantité d'énergie reçue par un corps. On admettra volontiers que 1) un caillou reçu dans l'œil sera plus douloureux que s'il nous touche au bras ou au ventre et que 2) recevoir trois gravillons sur le pied est également plus soutenable que trois gros cailloux. Il en va de même pour une irradiation ; pour en connaître l'effet, il faut savoir quelle source l'a émise[1], comment elle a été reçue (exposition externe ou interne), quelle partie du corps a précisément été irradiée, à quelle dose et à quel débit cette dose a été reçue. Bref, rien de très simple et nous verrons que les gros chiffres ne sont pas synonymes de mort assurée… parfois même, au contraire.

La toxicité de la radioactivité se calcule. Le gray (Gy) correspond à la quantité d'énergie reçue (joule) par unité (kg) de masse de matière irradiée : 1 Gy = 1 joule/kg. Mais tous les rayonnements n'ont pas le même effet sur tous les tissus vivants. Le **coefficient de pondération tissulaire**[2], attribué aux différents types de tissus humains, permet de calculer l'impact de tel rayon sur tel tissu[3]. En le multipliant par l'énergie reçue, on obtient la **dose efficace**, qui est en

---

1 Il existe trois types de rayonnements :
A (alpha), arrêtés par une feuille de papier ;
ß (bêta), arrêtés par une feuille d'aluminium ;
γ (gamma), très pénétrants, arrêtés par un mur de plomb, plusieurs mètres d'eau, de terre ou de béton.

2 Les tableaux sont dans le *Journal officiel des Communautés européennes* du 29 juin 1996.

3 Chaque jour, l'ADN de chaque cellule subit environ 150 000 lésions. À chaque fois, ces dégâts sont réparés en quelques minutes à quelques heures… tout dépend du débit de dose.

quelque sorte l'équivalent statistique de la « douleur » provoquée par l'irradiation. Le calcul est le suivant :

Dose efficace (sieverts) = dose équivalente (grays) x coefficient de pondération tissulaire (W)[4].

Ce calcul permet d'exprimer avec un seul chiffre l'impact, sur l'ensemble du corps, d'une même dose de rayonnements reçue au niveau de différents organes ou tissus. C'est une **évaluation du risque**.

À écouter le discours antinucléaire, on a parfois l'impression que la radioactivité est une force diabolique contenue dans un élément qui ne l'est pas moins : l'uranium. En fait la radioactivité est utilisée par certains comme argument publicitaire dans des revues tout à fait respectables[5].

Voici par exemple comment la Commission[6] de recherches et d'informations indépendantes sur la radioactivité (Criirad), membre de « Sortir du nucléaire », décrit l'effet de la radioactivité sur le vivant :

> « *Lorsque l'on parle de "contamination radioactive" ou de "pollution radioactive", cela signifie que des particules radioactives (et plus précisément des atomes radioactifs) sont présentes dans l'aliment*[7].

---

4 Recevoir 10 Gy de rayons gamma ou de rayons X, ou 0,5 Gy de rayonnements émis par du radium 226 (particules alphas) est équivalent. Un coefficient permet de s'en rendre compte :
10 Sv = 10 Gy * 1 dans le cas de rayons X ou gamma ;
10 Sv = 0,5 Gy * 20 dans le cas des particules alpha.

5 *National Geographic*, vol. 205, n° 1, January 2004.

6 Cette « Commission » est en fait une association « loi de 1901 ». Elle n'a aucune compétence officielle particulière, contrairement à ce que pourrait faire croire cette dénomination.

7 Contrairement à ce que cette phrase laisse penser, tout aliment est naturellement radioactif.

Les atomes radioactifs sont des atomes dont le noyau est instable. À un moment donné, il va se désintégrer en émettant des rayonnements très énergétiques, dits rayonnements ionisants car ils sont capables d'arracher des électrons aux atomes et molécules de la matière qu'ils traversent. Les lésions ainsi créées peuvent entraîner la mort de la cellule ou sa mutation et participer au processus de cancérisation. Les produits radioactifs peuvent provenir de nombreuses sources : gaz et aérosols radioactifs que de nombreuses installations rejettent dans l'atmosphère (rejets chroniques autorisés par l'administration) ; fuites non maîtrisées ; réactions de criticité dans des stockages de déchets nucléaires ; retombées des essais nucléaires atmosphériques ; recyclage de matériaux contaminés, etc.[8] »

Le moins qu'on puisse dire, c'est que cette Commission ne s'embarrasse pas de détails. Après avoir créé un amalgame entre « contamination » et « pollution » – on utilise également le terme de « contamination » pour signaler la présence de radioactivité naturelle dans la nature, ce qui est en soi un pléonasme –, il semble que seuls des accidents nucléaires (« contamination », « pollution ») puissent rendre les aliments radioactifs. Or, dans la nature, tout est forcément radioactif. L'énumération qui suit sous-entend que, lorsqu'il y a présence de radioactivité dans les aliments, les sources principales sont celles qui relèvent de l'industrie nucléaire. Or, comme le souligne Bruno Comby[9] : « *Les écologistes antinucléaires se trompent d'ennemi en attaquant*

8 Source : www.criirad.org, « Ne pas confondre aliments "contaminés" et aliments "irradiés" ou "ionisés" ».

9 Bruno Comby, *Le nucléaire, avenir de l'écologie ?*, TNR, p. 56.

l'industrie nucléaire : si la radioactivité aux doses habituellement reçues était nocive à notre santé, ce qui n'est heureusement pas le cas, ils devraient d'abord lutter contre la radioactivité naturelle du sol (évidemment impossible à éliminer) et s'abstenir de dormir à côté de leur petit(e) ami(e), car le corps humain est naturellement radioactif. Ensuite, ils devraient fuir la Bretagne (région granitique naturellement très radioactive) et éviter de prendre l'avion, de passer leurs vacances à la montagne (car les rayonnements reçus en provenance de l'espace augmentent nettement en altitude) et de s'exposer au soleil (ce sont les rayonnements émis par les réactions nucléaires du soleil qui font bronzer). Enfin, ils devraient s'opposer à la radiologie médicale avant de critiquer les essais nucléaires militaires et, en dernier lieu seulement, l'industrie nucléaire civile dont la part dans le bilan de la radioactivité reçue par les populations est très faible. »

En fait, la part de radioactivité en provenance de l'ensemble de l'industrie électronucléaire est la plus faible, toutes provenances confondues. La première source de radioactivité qui affecte l'homme est naturelle : c'est le gaz radon, un descendant de l'uranium, présent partout dans la croûte terrestre. Tour d'horizon des sources de radioactivité naturelles.

Le rayonnement en provenance de l'espace. L'impact des rayonnements cosmiques sur l'homme est évalué à 39 µSv/an – la radioactivité artificielle provenant des industries nucléaires varie de 1 à 20 µSv/an – mais il varie en fonction de la latitude (forte aux pôles et faible à l'équateur) et de l'altitude : il double tous les 1 500 m. Ainsi, habiter à Téhéran ou à Mexico expose à deux fois plus de rayonnements cosmiques qu'à Paris. Quant aux habitants de Kerala, en Inde, la dose à laquelle ils sont exposés varie de 2 à 40 mSv/an[10], soit 400 fois plus qu'à Paris, du fait de la présence en grande quantité de thorium dans le sol.

Le corps humain est également radioactif : un adulte exhale entre 8 000 et 10 000 Bq/s. Ce rayonnement provient par exemple de l'eau de boisson, qui délivre entre 0,25 et 1 mSv/an selon les eaux, mais en majorité du carbone 14 des tissus et surtout du potassium 40 des os. C'est ce même potassium que contiennent les fruits et légumes en très grande quantité : un régime végétarien est en ce sens trois fois plus radioactif qu'un régime classique. Ce sont des millions de becquerels qui nous affectent lors d'une réunion, sans parler d'un concert ou d'un match au Stade de France. Pourquoi ne meurt-on pas instantanément d'un cancer ? Parce que plus la période d'un radioélément est longue, moins cet élément est radiotoxique[11]. Or, le potassium 40 a une période d'un milliard d'années, ce qui est quatre fois moins que l'uranium 238. Ainsi, ce n'est pas parce que les

10 1 mSv/an est la dose maximale de radioactivité d'origine humaine qu'une personne doit recevoir en France par an selon la législation en vigueur.

11 Il en va bien entendu de même pour les déchets nucléaires.

chiffres sont gros que le risque est important : les 8 000 Bq que nous exhalons chaque seconde correspondent environ à une dose de seulement 0,25 mSv/an. Quant à l'uranium 238, c'est sa période de 4,5 milliards d'années qui permet justement d'en tenir sans problème un kilo, pur, dans la main. « *Il est bien moins dangereux de dormir avec quelques kilos d'uranium 238 sous son oreiller, correctement emballés dans une simple pochette en plastique, que de rouler en voiture ou à bicyclette*[12]. »

C'est d'ailleurs ce principe du rapport entre la période et le dégagement d'énergie qui prévaut en cas d'accident nucléaire : on se préoccupe avant tout de protéger la population contre les radioéléments à vie courte. Ouvrons à ce propos une parenthèse concernant l'iode 131. Ce radionucléide fait régulièrement l'actualité en raison des cancers de la thyroïde qu'il a provoqués chez les enfants, suite à Tchernobyl. Françoise Guiraud-Vitaux, du laboratoire de biophysique de la faculté Bichat, est médecin nucléaire, spécialiste du lien entre l'iode 131 et le cancer de la thyroïde. Elle a publié plusieurs études sur ce radioélément : « *Dans notre dernière analyse*[13], *nous montrons que l'irradiation thyroïdienne de l'enfant ne se réduit pas simplement à l'iode 131 : elle peut être interne (ingestion/inhalation) liée à l'iode 131*

12 *Le nucléaire, avenir de l'écologie ?*, *op. cit.*, p. 306-307.
13 F. Guiraud-Vitaux, M. Elbast, N. Colas-Linhart, et col., « Le cancer de la thyroïde après Tchernobyl : l'iode 131 seul responsable ? Conséquences en termes de pratique médicale », *Bull. Cancer*, 2008, vol. 95, n° 2, p. 191-195.

et à ses isotopes à vie courte (iodes 132, 133, 134 et 135) ou externe via les gaz (irradiation type radiographie ou radiothérapie). L'iode, quel que soit son numéro, va se fixer sur la thyroïde. Cette dernière ne fait pas la différence puisqu'ils ont tous les mêmes propriétés chimiques en tant qu'isotopes du même élément iode. L'iode va irradier la thyroïde essentiellement par voie interne : par inhalation ou ingestion. L'iode 131 a donc bien irradié les thyroïdes des **enfants** *de Tchernobyl, mais pas suffisamment probablement pour, à lui seul, induire autant de cancers thyroïdiens, car si la période de l'iode 131 est de 8 jours, ses isotopes ont une durée de vie plus courte (entre 2,3 et 78 heures), ce qui signifie que l'énergie qu'ils transportent (débit de dose) est élevée et délivrée pendant un temps très court. Pourquoi est-il seulement question des* **enfants** *? Parce que chez les moins de 15 ans, et* a fortiori *chez les très jeunes enfants, il y a dans la thyroïde de nombreux amas de cellules très actifs pour capter l'iode… amas qui sont au repos chez l'adulte. Autrement dit, il y a extrêmement peu de risque d'exposer une thyroïde adulte à l'iode 131. C'est la raison pour laquelle ce traitement est utilisé en milieu hospitalier. Ce phénomène est connu depuis longtemps, mais hélas rarement pris en compte dans les études.* »

Henri Lehn, ancien conseiller de M. Baryakhtar, président de l'Académie des sciences d'Ukraine début 1990, souligne à quel point cette question ne se réduit pas à la simple « exposition à l'iode 131 » : « *Il y a eu des cancers de la thyroïde en surnombre suite à Tchernobyl, mais pour certains, on ne sait pas s'ils sont dus aux iodes, ou à la "prévention" via la distribution d'iode stable aux populations. En effet, en Ukraine, comme dans toute l'Europe centrale, il y a un manque chronique d'iode dans l'air. Des cancers ont ainsi pu être déclenchés suite à l'absorption d'iode de pharmacie par des thyroïdes non habituées. À l'inverse, si cette dernière est déjà saturée d'iode non radioactif présent dans l'air, en grande quantité en Bretagne par exemple, l'iode radioactif ne se fixera pas. En cas d'accident radiologique, il est donc moins dangereux d'être en Bretagne qu'en Ukraine. Ainsi, comme on peut le constater, l'appréciation de la toxicité d'un corps radioactif requiert des connaissances multidisciplinaires, parfois allègrement ignorées par les marchands de peur.* »

Mais un autre paramètre entre encore en ligne de compte. Lors de Tchernobyl, la distribution d'iode stable en Ukraine a été tardive et parcellaire : les iodes à vie courte (iodes 132, 133, 134 et 135) avaient déjà pratiquement disparu après avoir délivré toute leur énergie aux thyroïdes.

On peut d'ailleurs s'étonner qu'il soit toujours question dans les médias uniquement de l'iode 131 et non de ses isotopes, au moins tout aussi responsables des cancers. Deux raisons à cela : cet isotope est d'une part **mesurable** dans l'air et dans le sol et se retrouve dans les aliments et le lait. « *D'autre part nous, les médecins nucléaires, rajoute le Dr Guiraud-Vitaux, l'utilisons pour traiter nos patients, d'où une* *"inquiétude" due à l'amalgame qui est régulièrement fait avec Tchernobyl… alors qu'aucun patient n'a jamais développé de cancer de la thyroïde suite à un traitement à l'iode 131. Bien sûr, nous évitons au maximum de l'utiliser chez les très jeunes enfants pour la raison expliquée au début.* »

Henri Lehn : « *Il faudra que la Criirad m'explique pourquoi il est dangereux qu'un coin d'une vallée soit contaminé avec 10 000 Bq/m² d'iode 131, alors qu'il est sans danger de se faire une coronographie comportant une injection de 750 000 Bq de ce même iode 131. Les hôpitaux sont la première contamination aux radio-isotopes, et de loin. Le service de médecine nucléaire comme celui de la Pitié-Salpêtrière consomme environ 39 milliards de becquerels par jour. Il y a comme cela une cinquantaine de centres en France. Ce qui rentre dans un hôpital en sort forcément d'une façon ou d'une autre*[14]. *Si l'on veut se mettre à chasser le becquerel, il faut commencer par interdire et éliminer tout ce qui est médecine nucléaire, car l'iode 131 dans le "nuage" de Tchernobyl en France représente 36 heures des rejets des hôpitaux français !* »

« *L'accident des îles Marshall*[15], continue le Dr Guiraud-Vitaux, *qui comportait lui aussi des iodes 131 et à vie courte,*

---

14 La radioactivité administrée aux patients d'un hôpital est évacuée par un canal des plus communs : les WC. « Le débit de dose (à 1 m) en sortie d'hospitalisation des patients traités par 4 GBq pour cancer différencié de la thyroïde varie sensiblement d'un patient à l'autre. […] [Leur] faible débit de dose, quelques jours après l'administration d'une très forte activité d'iode 131 s'explique par une forte élimination urinaire de l'iode 131 […]. » « La radioprotection des patients », dossier Contrôle 172, ASN, octobre 2006, p. 39.

15 Essais nucléaires.

avait déjà induit des cancers thyroïdiens... donc on peut en conclure que ce sont ces éléments, tous ensemble, qui sont responsables. D'ailleurs, les relargages d'iode uniquement 131 aux États-Unis et en Angleterre (Hanford, Nevada) n'ont induit aucun cancer thyroïdien chez les enfants, ni d'ailleurs chez les adultes. »

« Enfin, contrairement à ce qu'on peut entendre parfois, aucune malformation n'a été provoquée par l'explosion de Tchernobyl. Des enfants difformes et malformés sont nés en Ukraine après 1986, comme d'ailleurs avant 1986 et partout dans le monde : ils ont été instrumentalisés et exhibés devant des journalistes lors du forum Tchernobyl pour induire pitié et... "dédommagements" (voir la scandaleuse photo d'un enfant hydrocéphale publiée par Paris-Match*...). Quant à Hiroshima et Nagasaki, ces événements ne devraient pas être directement comparés à Tchernobyl : il s'agissait d'une irradiation aiguë, externe, homogène, avec des débits de dose jusqu'à 100 000 fois plus élevés. L'enquête d'Hayashi et al. parue en 1986 et couvrant la période 1949-1953 a en effet montré 18,5 % de malformations autour de Nagasaki, et 11 % dans la population témoin. Par contre, aucun effet génétique de type transmission d'anomalie(s) génétiques(s) aux descendants de parents irradiés n'a à ce jour été mis en évidence. »*

Cette parenthèse sur l'iode 131 montre à quel point il faut être prudent lorsqu'il est question d'impact sanitaire de la radioactivité.

Après l'espace et le corps humain, la dernière grande source de radioactivité naturelle est la croûte terrestre. Elle est constituée d'uranium qui n'est pas réparti de façon homogène : il fait des « grumeaux ». C'est en partie ce mécanisme qui explique la formation de filons d'uranium, eux-mêmes exploités par les mineurs. Mais cet uranium a lui-même des descendants : le radon, d'une période de 3,8 jours, le plomb (19,4 ans) et le polonium 210 (138 jours). Plomb 210, polonium 210 et bismuth 210 entrent dans la composition radiologique de notre alimentation à raison d'environ 0,12 mSv/an. Proportion multipliée par dix chez les populations qui se nourrissent essentiellement de renne ou de caribou, animaux qui se nourrissent d'herbes et de lichens, très riches en plomb 210 et polonium 210. En France, la moyenne de « contamination » naturelle par ce polonium est de 10 000 Bq/m^2. À titre de comparaison, ce radioélément est 30 à 70 fois plus radiotoxique que le césium 137[16] amené par les essais atmosphériques de bombes atomiques des années 50-60 et des retombées du nuage de Tchernobyl. La Société française d'énergie nucléaire : « *Le polonium 210 est [...] potentiellement beaucoup plus radiotoxique que le plutonium pour une même radioactivité déposée sur le sol, parce qu'il passe beaucoup plus facilement*

16 J. Pradel, P. Zettwoog, N. Dellero, D. Beutier, « Le polonium 210, un repère naturel important en radioprotection », in « *Radioprotection* », ISSN 0033-8451, 2001, vol. 36, n° 4, p. 401-416, EDP Sciences.

dans la chaîne alimentaire, se fixe mieux dans l'organisme et a une période beaucoup plus courte. Il en résulte que les doses dues au polonium déposé naturellement sur 1 km² sont équivalentes aux doses que provoquerait 1 kg de plutonium déposé et dispersé sur le sol [...][17]. »[18]

En fait, loin d'être forcément dangereuse ou mortelle[19], la radioactivité chronique et à faible dose – qui s'oppose à la radioactivité à forte dose reçue en une seule fois, dite *one shot* – est même appréciée pour ses propriétés régénérescentes. Il y a les mines où on se régénère en inhalant du gaz radioactif[20], les plages brésiliennes de Guarapari avec 40 mSv/h – 40 fois plus que la dose admissible en provenance de l'industrie électronucléaire et « jusqu'à 40 000 fois plus qu'à la plage de l'anse des Moulinets de La Hague, où se trouve la fameuse « conduite de rejet en mer » de la Cogema, qui augmente à peine de 1 % le niveau de radioactivité sur cette plage[21] – que la ville vante pour ses effets bénéfiques. Il y a également des régions dans lesquelles les habitants baignent dans une radioactivité 30 fois plus élevée que la plupart des habitants de la planète, comme dans la région indienne du Kerala[22] – où le taux de cancers n'a pas pour autant explosé. La plus

17 Il est 500 à 2 000 fois plus toxique que le plutonium 239. Source : voir note 16.
18 « Radioactivité et repères naturels », www.SFEN.org.
19 Elle peut l'être, bien entendu. Mais le propos est ici de relativiser les discours alarmistes sur le danger que représenterait la moindre désintégration radioactive.
20 http://www.magma.nationalgeographic.com/ngm/0401/feature7/
21 *Le nucléaire, avenir de l'écologie ?*, *op. cit.*, p. 253.
22 « *The Philadelphia Inquirer* », *Associated Press*, 12 mai 1999.

forte radioactivité naturelle de la planète se situe dans une région iranienne : la population y reçoit une dose qui va de 10 à 260 mSv/an. La dose efficace moyenne de radioactivité reçue par l'homme sur terre est en moyenne de 3 mSv/an, dont 2,4 due à la radioactivité naturelle.

Enfin, on ne peut évoquer la radioactivité naturelle sans parler du réacteur naturel d'Oklo, au Gabon. Il y a environ 2 milliards d'années, l'uranium naturel[23] contenait plus d'uranium 235 qu'aujourd'hui (3,6 % au lieu des actuels 0,7 %). Il lui était ainsi possible de démarrer une réaction en chaîne dans la nature. C'est ce qui s'est passé : dans le « réacteur d'Oklo », une réaction nucléaire naturelle a duré pendant plusieurs milliers d'années en dégageant de la chaleur par fission. Les déchets radioactifs créés avaient migré de quelques centimètres en général, dans un environnement pourtant contraignant.

La vie est donc radioactive, et à des niveaux parfois « élevés ». Mais « la nature » était là avant nos compteurs Geiger, et ces niveaux de radioactivité naturelle ne sont « élevés » qu'en fonction d'un étalon de mesure artificiel puisque administrativement – et « par précaution[24] » – établi par l'homme.

Mais la Criirad, pour qui la radioactivité, même naturelle, est fondamentalement dangereuse, va plus loin. Dans

23 Voir glossaire.
24 Voir chapitre 4.

le même document que précédemment cité, on peut lire : « *Lorsque nous consommons un aliment contaminé, nous ingérons évidemment les produits radioactifs qu'il contient. Notre organisme est en effet incapable de reconnaître les éléments radioactifs et de les éliminer. Il les métabolise comme s'il s'agissait des éléments stables dont il a besoin pour fonctionner. En fonction de leurs caractéristiques physico-chimiques, les produits radioactifs vont donc se concentrer dans des organes particuliers (l'iode dans la thyroïde, le strontium dans les os...). L'irradiation persiste jusqu'à ce que tous les atomes radioactifs soient éliminés (physiologiquement ou par décroissance radioactive). L'ingestion de ces produits radioactifs est néfaste pour la santé. En effet, la désintégration d'un atome radioactif a deux conséquences inévitables : 1) l'émission de rayonnements dits ionisants, c'est-à-dire dotés d'une énergie suffisante pour ioniser la matière ; 2) la formation d'un élément différent de l'élément initial : ainsi l'hydrogène radioactif se transforme en hélium, le césium 137 en baryum. Ces deux phénomènes vont provoquer des lésions au sein des tissus, lésions qui peuvent être à l'origine de mutations cellulaires et favoriser l'apparition de cancers chez la personne exposée ou de maladies génétiques dans sa descendance (si les altérations se produisent au sein des cellules reproductrices, ovules ou spermatozoïdes)*[25]. »

---

25 www.criirad.org, *op. cit.*

En écho à la première citation de cet organisme, il semblerait ici non seulement qu'on ingère de la radioactivité seulement lors d'une « contamination » accidentelle, mais que le corps soit par principe incapable de reconnaître les éléments radioactifs contenus dans un aliment. Cela n'a aucun sens. Bien sûr, la radioactivité peut être néfaste. Mais il existe un moyen sûr et reconnu pour savoir si oui ou non un aliment est véritablement pollué. Grâce aux tableaux de Limites annuelles d'incorporation d'un radioélément (LAI), parus dans le *Journal officiel des Communautés européennes* le 26 juin 1996, il est possible de calculer la quantité de radioactivité qui, inhalée ou ingérée, ferait atteindre les limites sanitaires admissibles, si ladite quantité était incorporée, **en continu, pendant une année**. Ces valeurs sont indiquées pour chacun des radioéléments connus, en fonction de la période du radionucléide, de la nature des rayonnements émis, de l'âge, de la forme physico-chimique, etc. Peut-on faire confiance à ces chiffres ? Dans le domaine nucléaire, les études sont toujours faites en prenant en compte les hypothèses les plus pessimistes : dans le cas des LAI, les premiers symptômes d'une contamination par incorporation n'apparaissent qu'à des doses environ cinquante fois plus importantes que celles indiquées par ces tableaux. Autrement dit, atteindre ou même dépasser ponctuellement cette limite n'implique en aucun cas d'aller aux urgences : il n'y a aucun risque à incorporer cette activité pendant une semaine si l'incorporation pendant le reste de l'année est minime.

Exemple : en 2000, on trouvait[26] jusqu'à 8 400 Bq/m^3 de neige sur le mont Blanc, alors que la moyenne pour les Alpes est de 210 Bq/m^3. Dangereux ? Si on se fie aux tableaux des LAI cités ci-dessus, on trouve qu'un adulte qui consomme 1 m^3 d'eau du Mont-Blanc par an ingère 20 mSv/an. Pour un enfant entre 12 et 17 ans, la dose est de 35 mSv/an et pour un bébé, de 125 mSv/an pour 1 litre par jour. Sachant que la limite d'exposition au public pour les sources de radioactivité d'origine humaine est de 1 mSv/an, doit-on considérer qu'il faut évacuer les populations qui vivent vers le Mont-Blanc, ou plutôt se rendre à l'évidence : l'environnement peut être administrativement « extrêmement radioactif », sans pour autant être dangereux ?

Autre point de repère : suite à Tchernobyl, les concentrations de radioéléments ont, pendant une semaine, été proches des LAI. « *Mais il aurait fallu maintenir ces niveaux de radioactivité pendant une année pour atteindre les limites des LAI qui sont, elles-mêmes, larges.* »[27] Quel que soit le produit étudié, on peut rapidement prendre la mesure du risque. Par exemple, à son maximum, la radioactivité du thym en Césium 137 fin 1986 était de 400 Bq/Kg. On aurait

26 Nelly Torrent, « Radioactivité : le Mont-Blanc est plombé », *Le Point*, n° 1438, 7 avril 2000.

27 « L'énergie nucléaire », Paul Reuss, Que sais-je, PUF, 1999.

pu en manger une tonne en un an sans dépasser les limites. Rappelons qu'en période normale, l'alimentation apporte 150 Bq/j.

Enfin, comme la Criirad l'explique à juste titre dans l'extrait ci-dessus, la désintégration d'un élément radioactif a pour conséquence la **formation d'un élément différent de l'élément initial**. Mais elle mélange le vrai et le faux, puisque l'exemple qu'elle donne est impossible : pour que de l'hydrogène se transforme en hélium, il faudrait utiliser la technologie de la **fusion** thermonucléaire… qui n'existe pas encore.

Le meilleur repère pour évaluer la dangerosité de la radioactivité reste la comparaison avec d'autres causes d'accidents ou de décès. Entre 1945 et 2000, hors Tchernobyl, Hiroshima et Nagasaki[28], 30 décès sont dus à une irradiation accidentelle, dont 11 par des réacteurs nucléaires. Vingt personnes sont décédées dans le domaine industriel et médical et 9 décès et 29 irradiations sérieuses ont été répertoriés pour cause d'ingestion accidentelle. Au total, sur les 150 accidents répertoriés sur les cinquante dernières années, 300 irradiés ont nécessité des soins médicaux. Quel autre type d'industrie peut se prévaloir d'un tel bilan ? Pendant ce temps, combien de mineurs sont-ils morts à cause d'un coup de grisou ? Le risque de décéder est statistiquement de

28 Nous verrons plus loin en quoi ces trois événements n'ont strictement rien à voir avec l'industrie électronucléaire occidentale.

un sur un million si on prend l'avion sur 600 km, si on fait 100 km en voiture, si on passe deux heures dans une pièce avec des fumeurs ou si on habite pendant trois ans à côté d'une centrale nucléaire.

Si la radioactivité n'est « pas aussi dangereuse que ça », pourquoi prend-on autant de précautions ? Deux raisons à cela. En 1928, la Société internationale de radiologie crée une Commission internationale qui doit définir les règles de radioprotection. Les effets des rayonnements radioactifs étant utilisés dans le cadre de radiothérapies par des médecins, ce sont eux qui vont fixer les normes en termes de sécurité. Aucune préoccupation économique n'entrant en jeu, et les connaissances en radioprotection n'étant pas aussi évoluées qu'aujourd'hui, ce sont ces normes qui ont inspiré la réglementation française actuelle telle que décrite dans ce livre.

Pour la mettre en perspective, il est intéressant de savoir ce qui s'est passé à Taiwan il y a environ 20 ans. À l'époque, 180 immeubles ont été réalisés avec du béton dont la ferraille contenait du cobalt-60. Cet élément radioactif provenait d'un irradiateur, utilisé en médecine comme source de rayonnements. Il se trouve que, malheureusement, lorsque cet irradiateur a été vendu à un ferrailleur pour en récupérer le métal, la source radioactive y était encore et cette ferraille a été utilisée dans le béton qui a servi à construire ces immeubles. Les murs des 1700 appartements en question irradiaient donc tous les habitants. Quand on a pris conscience de cet état de fait, certaines personnes occupaient les lieux depuis 20 ans, d'autres depuis 9 ans. On a donc pu établir les valeurs de doses reçues par les 10 000 habitants de ces immeubles. Les appartements les plus émetteurs de rayonnements présentaient un débit de dose de 500 mSv/an – l'irradiation naturelle est en moyenne de 2,4 mSv/an ; les moins touchés avaient un débit de dose de 20 mSv/an. Ceci représente donc entre 9 et 200 fois la dose naturelle.

En fonction des données officielles concernant les effets de la radioactivité, celles de la Commission Internationale de Protection contre les Rayonnements (CIPR), il a été possible de calculer le nombre de cancers qui auraient affecté une même population (même âge, même cadre de vie etc.) n'ayant pas été irradiée, puis de calculer le nombre de cancers « attendus » selon les modèles de la CIPR chez ces 10 000 personnes irradiées. Dans une population « normale », il y aurait ainsi eu 217 cancers « naturels ». Les modèles prédisaient 287 cancers pour les taïwanais (70 cancers supplémentaires dus à l'irradiation). En fait, il a été constaté seulement 7 cancers sur ces 10 000 habitants, soit un peu plus de 3% par rapport à une population identique qui n'aurait pas reçu d'irradiation. Ces résultats ont été présentés en 2003 lors du 48e Congrès annuel de la « Health

Physics Society » à San Diego (États-Unis) par une équipe de chercheurs taïwanais.

Le graphique ci-dessous représente les décès enregistrés dans la population « normale » comparés à ceux des « irradiés de Taïwan ».

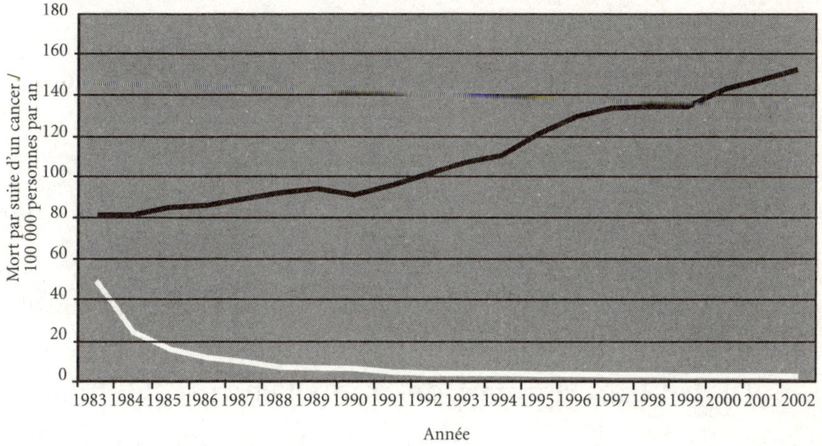

Figure 1. La courbe blanche représente les « irradiés de Taïwan », la noire représente la population « normale »[29].

La deuxième raison tient au fait que, par précaution, il a toujours été considéré qu'il n'y avait pas de seuil en dessous duquel la radioactivité ne serait pas nocive : la radioactivité est néfaste, un point c'est tout. Sauf que depuis les

29 Y.-C. Luan, Nuclear Science and Technology Association, Taïwan, 2004. Présentation disponible sur www.ecolo.org, Documents, Radioactivité et santé/hormesis, « *The true health effects of radiation* ».

normes fixées par les premiers médecins, les connaissances ont progressé. Comme l'explique un rapport de l'Académie des sciences[30] : « L'efficacité des mécanismes de défense [de l'organisme], la diversité des stratégies utilisées par les cellules, les tissus et l'organisme tout entier pour réduire ou éliminer le risque de carcinogénèse sont maintenant mieux connus. Ils suggèrent de manière claire qu'il existe un seuil ou un seuil pratique et même, pour certains types de cancers, tout comme chez les animaux, un effet d'hormesis. » L'« hormesis » ce sont les effets bénéfiques que pourrait causer la radioactivité à faible dose. Javad Mortazavi, chercheur iranien à l'université de Kyoto, étudie les effets sur la santé des faibles doses d'irradiation depuis 1996. En 2002, il a publié une étude[31] sur la population qui vit à Ramsar, au nord de l'Iran et qui reçoit, annuellement, 260 mSv. Il a montré que les habitants de cette zone avaient 56 % de la moyenne d'anomalies chromosomiques chez les personnes vivant dans un environnement radioactif « normal ». Autrement dit, cette amélioration chromosomique « *pourrait être induite par une exposition chronique à un environnement radioactif naturel, par opposition à une exposition forte à de hauts niveaux de radiations.* » Quel commentaire cet aspect bénéfique de la radioactivité à faible dose inspire-t-il aux

30 André Aurengo et al., « *Dose-effect relationships and estimation of the carcinogenic effects of low doses of ionizing radiation* », mars 2005.
31 Health Physics 82 (1) : 87-93, january 2002.

antinucléaires ? « Sortir du nucléaire » reste dans le vague : son porte-parole rejette les conclusions des « quelques études » qui ont été faites – durant rien moins que trente années de recherche –, tout en reconnaissant le travail accompli… Comment faire simple quand on peut faire compliqué : on se trouve en effet entre la preuve du caractère néfaste de la radioactivité et l'absence de preuve d'un caractère neutre voire bénéfique. Le tout, en étant bien obligé de reconnaître qu'on vit **dans** la radioactivité[32]. Un flou quasi éternel[33] bien pratique pour entretenir le « débat »… Au final, l'hypothèse d'absence de seuil était valable à une époque où les connaissances manquaient. Aujourd'hui, de très nombreuses études infirment cette hypothèse pour les doses en dessous de 100 mSv.

À l'heure actuelle, ce sont deux grands principes qui guident la radioprotection : la justification et l'optimisation. Dans le premier cas, bien que l'expérience indique le contraire, on suppose que toute irradiation implique un risque. Donc toute source d'irradiation doit être **justifiée**. Ainsi, les jouets avec substances radioactives sont interdits, mais les voyages en avion[34] sont admis car ils sont

32 Si la moindre désintégration atomique naturelle était néfaste, on devrait constater des milliers de morts sur la planète à chaque instant…

33 Pour confirmer le phénomène d'hormesis, il faudrait réaliser des études épidémiologiques. Cela reviendrait à suivre sur le long terme des millions de personnes, de manière à ce que les effets des faibles doses puissent être caractérisés de manière significative.

34 En raison de l'altitude à laquelle il se trouve, le passager d'un avion est soumis à davantage de radiations cosmiques que sur terre. Les rayonnements radioactifs subis par les

économiquement avantageux : ils sont **justifiés**. Quant au principe d'optimisation, il s'agit de suivre le principe **ALARA**, pour **As Low As Reasonnable Acceptable** : tout faire pour que les radiations dues aux activités humaines soient « aussi faibles que raisonnablement acceptables ». Ainsi, avec une contrainte de 1 mSv/an, la limite imposée à l'irradiation due à l'industrie nucléaire pour la population est très inférieure aux variations de doses d'irradiation naturelle en France. Cela fait dire à Jacques Pradel, ancien responsable de la Société française de radioprotection : « *Ne conviendrait-il pas plutôt de tenir compte de l'existence de ces radiations naturelles pour confirmer enfin, que la sévérité préconisée actuellement en matière de prévention contre les effets des faibles doses de rayonnements ionisants, a largement dépassé le niveau Raisonnable pour atteindre le niveau Ridicule (ALARA) ?* »[35]

---

personnels navigants peuvent même être supérieurs aux doses limites en vigueur dans une centrale nucléaire, sans que cela soit dangereux pour autant.

35 « Faut-il évacuer la planète ? », Jacques Pradel, cité sur www.ecolo.org.

MENSONGE N° 2

On ne sait pas gérer les déchets nucléaires

« *Le concept de science qu'on peut tirer des manuels de science n'a pas plus de chances de refléter la recherche qui leur a donné naissance, que n'en aurait l'image d'une culture nationale tirée d'un prospectus de tourisme ou d'un manuel de langue*[1]. » On pourrait reprendre cette comparaison, en évoquant le rapport qu'il y a entre le discours antinucléaire sur les déchets nucléaires, et les principes qui régissent effectivement la radioactivité. Voici en quels termes Stéphane Lhomme, porte-parole de « Sortir du nucléaire », évoquait les déchets nucléaires le 27 mars 2007, lors d'un *chat* sur le site du monde.fr :

« *Il n'y a aucune façon de régler le problème des déchets radioactifs. Les plus dangereux vont durer des centaines de milliers d'années et l'industrie nucléaire prévoit de les enfouir*

1 Thomas Kuhn, *La Structure des révolutions scientifiques*, Flammarion, 1999, extrait.

sous terre à Bure, dans la Meuse. C'est un véritable crime contre les générations futures, parce que dans 500, ou 1 000 ou 5 000 ou 10 000 ans, la radioactivité sera libérée, contaminera les nappes phréatiques et reviendra à la surface. » Il est difficile de faire plus mensonger.

Il existe deux types de déchets nucléaires : à vie longue (période supérieure à trente ans), et à vie courte (période inférieure à trente ans). Au sein de ces deux catégories, sont répartis des déchets dont l'activité va de « Très faible » (95 % du total des déchets) à « Haute » (5 % du total). Les déchets les plus dangereux sont les 0,2 % de « vie courte », contenus dans les 5 % de « vie longue ».

1) Les déchets Haute Activité, Moyenne Activité et Faible Activité à Vie Longue (HA-MA-FA VL)

La production de déchets nucléaires en France est de 1 kg par habitant et par an. Chiffre à rapprocher des 100 kg/hab./an de déchets chimiques stables (dont la toxicité ne décroît pas) et des 2 500 kg d'autres déchets industriels et ménagers. L'ensemble des déchets nucléaires français stockés à fin 2004 représentait 600 000 m^3. Et quand le porte-parole de « Sortir du nucléaire » parle des déchets potentiellement les plus dangereux que l'on pourrait enfouir sous terre, il s'agit des Haute Activité (HA) et Moyenne Activité (MA) à Vie Longue (VL), c'est-à-dire… 5 % du volume total des déchets nucléaires. Les déchets « les plus dangereux parmi les plus dangereux », les HA-VL, totalisent 0,2 % de l'inventaire – 1 462 m^3[2] – et concentrent 98 % de la radioactivité totale de la production électronucléaire nationale. Pour l'ensemble de la France, toujours depuis le début de l'industrie nucléaire française il y a cinquante ans, cela correspond au volume d'un terrain de football sur un mètre d'épaisseur. « *Le volume de déchets nucléaires radioactifs de haute activité vitrifiés, correspondant à une vie entière de consommation électrique d'une famille de 4 personnes, tient dans la main : il s'agit d'un cylindre d'environ trois centimètres de diamètre sur huit centimètres de longueur*[3]. » De plus, « [...] *l'énergie nucléaire permet à un pays comme la France d'éviter chaque année le rejet dans l'atmosphère de 280 millions de tonnes de gaz carbonique qui participent à l'effet de serre ; 2,5 millions de tonnes de dioxyde de soufre à l'origine des pluies acides ou 700 000 tonnes de dioxyde d'azote.* [...] *ne vaut-il pas mieux quelques tonnes de déchets radioactifs surveillés, confinés et non rejetés dans l'environnement, plutôt que des millions de tonnes de substances chimiques toxiques rejetées sans vergogne dans la nature*[4] *?* »

Par ailleurs, les centrales thermiques à charbon produisent également de la radioactivité. En 1982, le Oak Ridge National Laboratory – laboratoire géré par le ministère

2 « Inventaire national des déchets radioactifs », Andra, coll. Les Rapports, 2006, p. 41.
3 *Le nucléaire, avenir de l'écologie ?*, *op. cit.*, p. 95.
4 *Ibid.*, p. 105.

américain de la Recherche – a calculé que la combustion de 2,8 milliards de tonnes de charbon avait entraîné le dégagement de 3 640 tonnes d'uranium (dont 25 d'uranium 235 fissile) et 8 960 tonnes de thorium. Le contenu énergétique du combustible nucléaire relâché par une centrale au charbon est même supérieur à celui du charbon qu'elle consomme. Il y a donc bientôt trente ans, les chercheurs sont arrivés au résultat suivant : les 111 centrales nucléaires américaines avaient consommé 540 tonnes de combustible nucléaire. Sur la même période, les centrales américaines au charbon rejetaient 801 tonnes d'uranium. Étant donné que les centrales au charbon ne sont pas du tout surveillées par les équipes de l'ONU, il est très facile de procéder à la récupération d'uranium à destination militaire sans attirer l'attention. Tout pays doté de centrales au charbon peut ainsi construire un arsenal puissant, s'il a la technologie pour le faire. Notamment en récupérant le thorium 232 et l'uranium 238 qui peuvent facilement générer des isotopes fissiles. La séparation chimique et la purification d'uranium 233 à partir du thorium ou de plutonium 239 à partir de l'uranium exigent beaucoup moins d'efforts que les technologies d'enrichissement.

Stéphane Lhomme a par ailleurs raison de souligner que les déchets nucléaires HA-VL seront radioactifs pendant « 5 000 ou 10 000 ans ». Voire même bien plus pour certains. Mais il est trompeur de s'en tenir à ce constat. Cette radioactivité ne reste pas la même pendant tout ce temps : au bout de quelques milliers d'années, ils deviennent moins radioactifs que l'uranium naturel duquel ils sont issus. Dire que les déchets nucléaires polluent définitivement la planète, avec des quantités phénoménales de déchets radioactifs pendant des milliers d'années, est donc faux… Vrai, par contre, si on parle de certains types de déchets chimiques toxiques stables, rejetés en bien plus grande quantité dans la nature et dont la toxicité ne décroîtra jamais.

Et comment peut-on prétendre qu'il n'y a aucun moyen de gérer les déchets nucléaires, alors qu'ils sont justement le seul type de déchet industriel pour lequel des milliards (2,6 milliards d'euros entre 1992 et 2005) ont été dépensés afin de trouver une solution ? Il faut à ce propos rappeler le principe de la gestion des déchets nucléaires. Personne n'a jamais prétendu garantir sur des centaines de milliers d'années qu'aucun élément radioactif ne s'échapperait des colis de déchets. Physiquement, c'est un non-sens. La seule chose – essentielle – que les recherches réalisées depuis 1991 garantissent, c'est que lorsque les éléments radioactifs s'échapperont inévitablement de leur « emballage », ils seront inoffensifs pour l'homme et l'environnement. C'est cela qui est scientifiquement démontré et techniquement faisable, nous allons voir comment.

Que va-t-on faire des déchets aux périodes les plus longues[5] ? La solution internationalement reconnue la plus adaptée est celle du stockage géologique, ou encore dite de l'« enfouissement ». Selon son utilisation, le verbe « enfouir » peut faire croire qu'on va tenter de dissimuler des déchets nucléaires « dont on ne sait que faire », dans un lieu qu'il faudra s'empresser d'oublier. Rien n'est plus faux.

Lorsqu'on lit l'argumentation du collectif « Bure-Stop », qui s'oppose à l'enfouissement des déchets radioactifs, elle dénonce deux choses. La première, c'est qu'il est admis – qui plus est officiellement – que le principe de l'enfouissement consiste « seulement » à **retarder** l'émergence des radionucléides. Quel ingénieur oserait prétendre qu'on peut empêcher ce processus à l'échéance de centaines de milliers d'années ? Donc « tôt ou tard, en concluent-ils, la terre et les nappes phréatiques vont être contaminées ! ». Mais ce qu'ils oublient de préciser, c'est la deuxième partie du problème : lorsque ces radioéléments, effectivement, « émergeront »... ils seront forcément inoffensifs puisque moins radioactifs que la radioactivité naturelle. Voici pourquoi.

Le stockage géologique a été décidé par la loi du 28 juin 2006 et fait l'objet d'un consensus international (Belgique, États-Unis, Finlande, Suède, Suisse, etc.). Il est destiné aux

5 Rappelons que les éléments radioactifs aux périodes les plus longues (milliers, millions, milliards d'années) sont les déchets les moins radio**actifs** – parce qu'ils sont très proches de leur état stable –, donc les moins radio**toxiques**.

5 % de déchets radioactifs les plus dangereux, à savoir les HA et MA-VL – dont le stock est constitué en grande partie par le nucléaire « historique[6] » – qui, après refroidissement, ont une puissance thermique de 1 à 2 kW, comparable à un radiateur électrique. Ces fameux HA-MA-VL, qui représentent au total un cube de moins de 13 mètres de côté, sont donc vitrifiés et entreposés à La Hague et à Marcoule pour refroidissement avant stockage. Ce refroidissement pendant quelques dizaines d'années est nécessaire. En effet, une partie des déchets à vie longue, qui contiennent donc les radionucléides de très longue période, et qui sont destinés à être stockés, est constituée de radionucléides à vie courte (donc plus actifs et toxiques). Pour n'« enterrer » que les radionucléides à vie longue, les déchets HA-MA-VL sont stockés en piscine pour laisser le temps aux radionucléides à période courte de « brûler ». Une fois que ces déchets à vie longue ne comporteront plus de radionucléides de courte période, alors seulement ils pourront être stockés. C'est en ce sens qu'une solution définitive pour ces HA-VL n'est pas urgente.

Le principe du stockage géologique est le suivant : les déchets sont vitrifiés, c'est-à-dire incorporés dans un verre

6 « Déchets radioactifs, des solutions en progrès continu », *Clefs CEA*, n° 53, p. 38. La production actuelle et future des HA-MA-VL est marginale par rapport aux débuts de cette industrie, pour deux raisons : 1) L'amélioration des taux de combustion et 2) L'amélioration des techniques de conditionnement : lors de la conception des usines de retraitement de Cogema, le volume des déchets était de l'ordre de 3 m^3 par tonne de combustible traité. Aujourd'hui, il est de moins de 0,5 m^3.

spécial qui piège les radioéléments. Par « piégés », il faut entendre que les produits de fission deviennent composants du verre à l'échelle moléculaire : ce ne sont pas de simples « mélanges ». Ces colis sont eux-mêmes enfermés dans des conteneurs en acier, eux-mêmes enfermés dans des puits bétonnés. Après refroidissement, ils seront placés dans des casemates à l'intérieur d'une couche géologique à environ 500 mètres de profondeur. Avec ce procédé, il est physiquement impossible que les rayonnements émis irradient directement, depuis le sous-sol, les personnes se trouvant à la surface.

Quant aux arguments qu'on oppose aux solutions de gestion à long terme de ces déchets, ils ne résistent pas à l'analyse. Tout comme il est faux de dire que la gestion des déchets radioactifs a pour but d'empêcher la radioactivité de s'échapper à l'échéance de milliards d'années, dans le cas du stockage géologique, les arguments antinucléaires sur cette question consistent également à prendre le problème à l'envers. « On ne peut garantir l'état d'un produit à l'échéance de milliers d'années », ou encore : « Les durées envisagées dépassent l'entendement humain », entend-on. Dans le premier cas, on va le voir, l'ingénierie nucléaire ne prétend pas faire des prédictions, mais scénariser les pires hypothèses que ces déchets pourraient rencontrer[7]. Concernant la seconde affirmation, si on ne peut envisager

7 Prise en compte des hypothèses les plus pessimistes, comme toujours dans le nucléaire.

scientifiquement des durées qui dépassent le million d'années, alors l'archéologie ou l'astronomie sont deux impostures.

Lorsqu'ils commenceront à se désagréger, et ce sera à très long terme, ce n'est pas **ce qui leur arrivera** qui est connu, mais **ce qui pourrait leur arriver de pire**. En effet, ne pouvant **prédire** le comportement à très longue échéance d'un colis, les problèmes que ce dernier est susceptible de rencontrer sont **majorés** en fonction du manque de connaissances du moment. Ainsi, les études augmentent les taux de radioactivité ou diminuent les durées de vie des matrices de confinement. S'il offre à chaque étape du cycle de grandes marges de sécurité, ce principe des hypothèses les plus pessimistes est parfois à la limite du réaliste. Dans le cas des déchets vitrifiés, seuls concernés par l'enfouissement géologique, les chercheurs ont donc émis l'hypothèse qu'un conteneur perde toutes ses propriétés de confinement, dans le cas extrême d'une inondation du site. Dans un tel scénario, les études montrent qu'il faudrait mille ans pour altérer le verre sur une épaisseur d'un micron. Par ailleurs, il est internationalement admis que, dans ces hypothèses du pire, seuls quelques éléments pourraient éventuellement, mais à très long terme, rejoindre la surface (iode 129, chlore 36 et sélénium 79). Ces éléments seraient extrêmement atténués et leur impact négligeable : leur dose de radioactivité serait mille fois plus faible que la radioactivité naturelle.

Des expériences ont été menées pour vérifier *in situ* la faisabilité d'un tel stockage. PAGIS au niveau européen ou EVEREST au niveau international. Au Japon, l'expérience qui a été menée est comparable au cas de la France[8]. Les colis s'altèrent à cause de l'eau dans les fractures du granite. Cette eau passe par une faille pour enfin arriver dans une rivière. Grâce à cette expérience, on connaît la dose maximale reçue par des personnes qui consommeraient tous les jours cette eau, les radionucléides mis en cause et le temps que mettrait l'eau pour passer les différents obstacles entre le verre et l'environnement. Au final, l'eau met mille ans minimum pour saturer l'argile et « attaquer » le surconteneur, des milliers d'années pour qu'un nombre suffisant d'éléments radioactifs soit relâché et des dizaines de milliers d'année pour que l'eau parvienne à la rivière. Pendant ce temps, la décroissance radioactive aura eu le temps d'opérer : l'eau met cent mille ans pour une dose de 0,000 01 mSv, même en faisant varier les différents paramètres en question. Il a également été question de changements climatiques, d'intrusion par forage, de défauts des contenants avec un début d'altération très tôt après fermeture stockage ou d'érosion des sols. Malgré ces contraintes, l'impact radiologique du stockage sur l'environnement reste négligeable. Les conclusions de l'ANDRA vont dans le même sens que cette expérience japonaise.

8 Stéphane Gin, « *Les déchets nucléaires. Quel avenir ?* », préface de Robert Guillaumont, Dunod, 2006, UniverSciences, p. 45 et suiv.

Il y a un autre aspect fondamental de cette problématique, à la frontière de la science dure et de la sociologie, qu'il faut évoquer. La gestion des déchets nucléaire est une problématique très vaste. Que se passerait-il si des scientifiques, experts dans leur domaine, mettaient le doigt sur une défaillance du système ? Par exemple, « *un hydrogéologue pourra arguer du fait que les conditions d'altération du verre (composition chimique de l'eau, débit etc.) ne sont pas connues avec suffisamment de précision et critiquer tel ou tel modèle de relâchement des éléments radioactifs jugé pas assez sécuritaire.* »[9] Tout l'édifice s'effondrerait-il de facto ? Non, car tout l'intérêt de cette gestion est – justement - qu'elle compartimente les différents problèmes à régler : il est prévu que le stockage fonctionne même si le verre s'altérait à la vitesse maximale. Ca n'est donc pas parce qu'une voix s'élève pour pointer du doigt une défaillance, que toute la démarche devient caduque.

À toutes ces études, s'ajoutent aussi celles prenant en compte les analogues naturels, comme à Oklo, au Gabon, ou plus près de chez nous, à Montpellier. Par ailleurs, dans un stockage, c'est l'eau qui pose le plus de problèmes. « *Sans eau, rien de significatif ne se passera, même à l'échelle des temps géologiques.* »[10] Effectivement, les géologues estiment à vingt millions d'années le temps qu'il a fallut pour

9 *Ibid.*
10 *Ibid.*

que le Colorado – des milliers de mètres cubes par seconde – creuse le Grand Canyon. Ca n'est donc pas l'érosion qui risque de faire beaucoup de mal à un stockage géologique.

Le discours antinucléaire prend en fait les problèmes à l'envers, pour mieux les présenter comme insolubles. Encore quelques exemples : comment se rappeler du lieu de stockage dans 500 ans ? Comment éviter l'intrusion humaine ? Qui peut garantir la stabilité d'un sous-sol sur de telles périodes ? Tout a été non pas **prévu** mais **scénarisé « au pire »**, comme on vient de le voir. Défauts d'étanchéité des colis, inondations, corrosion des conteneurs, des casemates, forages malencontreux, érosion glaciaire… Le *leitmotiv* dans le nucléaire est : « Quand on ne sait pas, on fait comme si le pire allait se produire. » Exemples.

La fuite des colis. Dans les couches géologiques choisies potentiellement pour le stockage de ces déchets, la présence d'eau est très faible et ses mouvements réduits au minimum. Dans le fameux laboratoire de Bure, une goutte d'eau parcourt quelques mètres en 100 000 ans.

Si la société oublie ce stockage ? Certains milieux géologiques sont capables d'empêcher la dispersion des éléments toxiques durant des millions d'années. Oui, mais si une météorite tombe sur le stockage ou aux environs ? La radioactivité éventuellement dégagée fera certainement l'effet d'une piqûre de moustique par rapport aux dégâts directs causés par l'objet céleste.

Un forage malencontreux ? La probabilité d'avoir l'idée de forer à cet endroit est faible, vu que les sites sont justement choisis pour l'absence d'intérêt géologique. Cependant, même si cela arrivait, l'exposition à la radioactivité de mineurs – déjà très compétents pour creuser à 500 mètres de profondeur – qui tomberaient sur ce type de travaux a été calculée. Admettons donc qu'ils séjournent par hasard dans ce stockage sans s'étonner 1) que l'homme soit vraisemblablement intervenu ; 2) qu'il ait construit des galeries hermétiquement fermées ; 3) que s'y trouvent des conteneurs entreposés ; 4) que ces conteneurs soient entourés de matériaux bien particuliers, vraisemblablement amenés par l'homme. Supposons encore qu'ils tombent nez à nez face à un mur de déchets vitrifiés. Supposons même qu'ils forent dans ce mur, dégageant énormément de poussière. Que se passerait-il si cela arrivait dans mille ans ? Ils pourraient déjà rester dix heures avant de recevoir une dose pouvant être mortelle. Les grandeurs n'étant représentatives qu'en les comparant entre elles, il se trouve qu'aujourd'hui – et non pas dans mille ans –, il est régulier que des mineurs meurent par dizaines ou centaines suite à un coup de grisou.

De plus, ce type de stockage a l'avantage d'exiger une sûreté totalement passive, donc sans exigence vis-à-vis des générations futures. Les techniques s'améliorant constamment, il est également prévu que ce stockage soit réversible, de manière à améliorer le système au cours du temps si c'était envisageable.

Enfin, l'acceptation par la société d'un tel stockage géologique est, du point de vue politique, un élément hautement stratégique. En ce sens, il est une tentative de discréditation qu'il est intéressant de mentionner.

Créé par la loi du 30 décembre 1991, le Comité local d'information et de suivi (CLIS) du laboratoire de Bure[11] a une mission de relais d'information vis-à-vis du laboratoire, le suivi des recherches et des résultats obtenus. En 2004, il a fait procéder à une analyse du programme expérimental de l'Andra par l'Institue of Energy and Environmental Research (IEER), organisme basé aux États-Unis. La version finale du rapport rendue publique en janvier 2005 est d'une telle mauvaise foi et les partis pris tellement flagrants que l'Andra a jugé nécessaire de publier un rapport[12] pour mettre les points sur les i. Le lecteur intéressé consultera également avec intérêt la chronologie de cette « histoire » sur le site de l'Andra.

Extrait de l'analyse critique de l'Andra concernant le rapport de l'IEER :

P. 7

« *Parfois, il s'agit d'observations dont on comprend mal pourquoi les auteurs persistent à les formuler alors que des*

11 Présidé par le préfet de la Meuse.

12 www.andra.fr/interne.php3?id_article=582&id_rubrique=103.

réponses claires ont été données sur ce point. Ainsi, il est suggéré "une clarification du scénario du fermier vivant en autarcie" (p. 24). Il faut connaître la version précédente du rapport pour apprécier parfaitement ce point. L'auteur du chapitre 1 développait tout un argumentaire pour suspecter l'Andra de ne pas utiliser un scénario de ce type, au seul motif que le dossier Andra précisait que d'autres scénarios avaient été examinés pour s'assurer que celui du fermier en autarcie était le plus pénalisant. Le développement correspondant a pour partie disparu du rapport. En revanche, demeure la mention précédente qui laisse entendre qu'une ambiguïté subsiste. Ceci relève du procès d'intention. »

P. 9, concernant l'avancement des travaux d'études :

« *La thèse développée par l'IEER est simple. Les recherches de l'Andra se situeraient encore à un stade extrêmement préliminaire, n'auraient rassemblé que fort peu de données et auraient en tout état de cause négligé de nombreux aspects essentiels :*

[…]

« *l'Andra n'a même pas formulé de programme détaillé, par exemple en ce qui concerne la recherche en laboratoire souterrain (p. 20) ;*

[…]

« *l'Andra doit mettre en œuvre un programme détaillé de recherche souterraine… Elle doit élaborer et présenter en détail un tel programme de recherche dans les domaines où aucun n'existe actuellement (p. 21).*

On se bornera à trois remarques :

– dire que l'Andra n'a même pas formulé de programme détaillé de recherche en laboratoire souterrain est une évidente négation du fait que l'Andra travaille depuis dix ans sur le site et que le groupe a reçu les cahiers des charges détaillés présentant les différentes expérimentations en cours ou à venir avec les méthodes de réalisation ;

– la lecture du rapport ne renseigne pas sur les domaines où n'existerait "aucun programme de recherche". Au contraire, un examen détaillé du rapport montre que tous les domaines sont traités, même si les auteurs formulent des observations plus ou moins amènes et justifiées sur la qualité du travail ;

– comme souligné à plusieurs reprises, une partie du travail expérimental de l'Andra est simplement ignorée par le rapport IEER, ce qui en constitue une lacune majeure. »

Une critique reflète particulièrement l'état d'esprit des auteurs du rapport américain :

« *L'appréciation générale formulée dans le chapitre* [7] *: "*[…] *l'évaluation de l'aléa sismique par l'Andra est sérieusement déficiente et de plus comporte des éléments spéculatifs" (p. 259), n'est pas justifiée et repose sur une analyse incomplète, orientée et souvent entachée d'erreurs. Pour estimer l'aléa sismique possible sur le long terme l'Andra considère que les failles sont actives et ceci bien que toutes les données montrent* *que la région est à l'écart des zones actives et que les mouvements possibles sont très faibles et extrêmement lents.* »

Au final, souligne la Société française d'énergie nucléaire, « *ceux qui proclament que le stockage souterrain des déchets est une "menace pour les générations futures" ne proposent aucune description précise du scénario par lequel cette menace pourrait se concrétiser. Leur discours relève de l'incantation.* »[13]

2) Les déchets de Moyenne, Faible et Très Faible Activité à Vie Courte (FMA-TFA VC)

Qu'en est-il des 95 % de déchets restants, dits à « vie courte » ? « Vie courte » en langage nucléaire signifie qu'ils perdent la moitié de leur radioactivité tous les trente ans en moyenne. Au bout de cent ans, la majorité de l'activité radioactive de ces déchets a fortement diminué, voire totalement disparu. Ces 95 % du volume total ne concentrent que 0,055 % de la radioactivité totale des déchets nucléaires – donc pas de « legs inacceptable vis-à-vis des générations futures ». Après 10 périodes (300 ans), il n'y a plus de haute activité gamma. Les déchets à vie courte sont eux aussi de deux sortes : ceux de Très Faible et Faible et Moyenne Activité.

13 Extrait de la Revue Générale Nucléaire janvier-février 2007, n° 1, http://www.sfen.org/fr/themes/12P%20RGN1-2007.pdf

L'inventaire des déchets nucléaires – mis à jour tous les deux ans – a établi, pour l'horizon 2020[14], que le volume total des déchets nucléaires n'augmentera pas, ou plutôt que la seule augmentation significative à venir sera due au démantèlement des anciennes installations. Et ce seront en majorité des déchets TFA. À cette échéance, l'ensemble des déchets nucléaires représentera selon les estimations 1 330 000 m^3, dont (toujours) seulement 5 % de Haute Activité, et 95 % de FMA-TFA. Voilà qui relativise les propos de « Sortir du nucléaire » sur son site Internet : « *Le démantèlement commence à peine, et on ne sait pas encore très bien comment on va s'y prendre… Une des difficultés est que la plupart des matériaux qui constituent la centrale, y compris le bâtiment réacteur lui-même, sont devenus radioactifs.* »

À ce propos, soulignons que la France, par pur principe de précaution et du fait qu'elle doit servir de « vitrine » en tant que pays le plus nucléarisé, a décidé, contrairement à une majorité de pays, de dédier aux déchets de Très Faible Activité une filière spécifique. Leur activité est proche de la radioactivité naturelle et ils représentent 14 % du volume total. En fait, la notion de déchet en France ne dépend pas d'un seuil de radioactivité, mais d'un seuil administratif :

14 « Inventaire national des déchets radioactifs », *op. cit.*, p. 53 à 57. Les scénarios sont bien sûr susceptibles d'être modifiés en raison de la vraisemblable évolution des techniques de conditionnement et du fait que les données fournies par le propriétaire des déchets sont préliminaires. Par ailleurs, deux grands scénarios sont envisagés : l'arrêt ou la poursuite du nucléaire.

tout matériau qui se trouve dans un périmètre qualifié de « zone nucléaire » est susceptible d'avoir été contaminé et est de ce fait classé en TFA, même si le matériau, après contrôle, **n'est pas** radioactif. La France est le seul pays nucléarisé à procéder de la sorte. Dans d'autres pays, si la radioactivité du matériau est en dessous d'un certain seuil (comparable à la radioactivité naturelle), les gravats ou le métal sont tout simplement recyclés : les premiers servent pour les remblais des travaux publics ou les soubassements de routes ; les seconds, par exemple en Suède, sont décontaminés par des entreprises spécialisées et remis dans le « circuit » normal. Enfin, citons le cas de la centrale nucléaire de Vandellos, dans la province de Tarragone en Espagne. Son démantèlement a occasionné 296 000 tonnes de déchets. Seules 2 000 tonnes ont été considérées comme « déchets radioactifs ».

La première étape dans la gestion des déchets, après que l'Andra les a inventoriés, est de les caractériser : description, nature physique, quantité, volume ou masse des déchets, activité des déchets et radionucléides qu'ils contiennent. Cette étape permet ensuite de les traiter et conditionner de manière adéquate.

Si les déchets HA-MA-VL sont vitrifiés, les déchets à vie courte sont conditionnés selon deux procédés : cimentation ou bitumage.

Dans le premier cas, boues, concentrats d'évaporation, cendres d'incinération, etc. sont intégrés dans du ciment.

Ce procédé est utilisé pour les FMA. Il permet de bloquer les déchets solides et d'enrober les déchets en solution.

Le bitumage, lui, permet de mélanger à chaud les déchets sous forme de boue à du bitume. Ce bitumage est complété par un ajout de sels de cobalt qui évite un gonflement de l'enrobé suite à l'interaction entre les rayonnements et les molécules d'hydrocarbure. Grâce à ce procédé, le nombre de fûts à produire a pu être divisé par trois. Pour donner une idée en termes de volume, cette production de fûts, pour ce qui est du bitume, correspond, depuis les années 1970, à la quantité nécessaire pour réaliser dix kilomètres d'autoroute.

La caractérisation des colis est en fait d'autant plus importante que les méthodes évoluent. Conséquence : il est aujourd'hui possible de transformer les déchets MA-VL en FMA-VC. En effet, les déchets anciens sont souvent considérés, à défaut, comme des MA-VL par manque de connaissances et par principe de précaution. Les techniques permettant d'être plus précis dans cette caractérisation, il est donc possible de « déclasser en vie courte » des déchets initialement considérés de manière arbitraire – par précaution – en MA-VL. Cela permet de les diriger vers des filières industrielles existantes.

Dernier point : il se trouve que 95 % du combustible nucléaire usé est réutilisable. Après avoir refroidi deux ans en piscine, il est retraité à La Hague pour en extraire et séparer l'uranium (96 %), le plutonium (3 %) et les produits de fission (1 %). L'uranium (appauvri) et le plutonium sont mélangés pour produire du combustible MOX (Mélange d'OXydes). Cette solution a été adoptée par la France et le Japon. Là aussi, bien sûr, il y a le pour et le contre.

L'avantage principal réside dans la diminution de la radiotoxicité et du volume des déchets ultimes. Sans retraitement – c'est-à-dire si on ne retire pas les radionucléides à vie courte, donc très actifs, des déchets à vie longue – les déchets HA-VL mettent 100 000 ans avant de retrouver une radioactivité comparable à celle de l'uranium naturel, 10 000 ans avec retraitement et récupération du plutonium et 1 000 ans avec retraitement et récupération du plutonium, de l'américium et du neptunium[15]. Grâce au retraitement, les déchets occupent sept fois moins de volume. Sur les 1 000 tonnes de combustible usé que la France produit par an, seulement une tonne reste radioactive pendant des milliers d'années.

L'inconvénient majeur du retraitement est celui de la gestion du plutonium et de l'uranium non recyclés, puisque le retraitement ne permet pas de tout réutiliser. Ces éléments pourraient éventuellement être recyclés dans des réacteurs nucléaires à neutrons rapides, ceux dits de 4e génération.

15 Pour cette dernière solution, le procédé qui permettrait de transformer ces éléments à vie longue en éléments à durée de vie plus courte, voire stable, s'appelle la transmutation. Mais s'il est scientifiquement possible, il ne peut être aujourd'hui que très difficilement mis en œuvre industriellement.

Par ailleurs – et c'est l'argument que les États-Unis donnent pour justifier leur stratégie de non-retraitement –, le choix français et japonais de conserver le plutonium, « en attendant » la possibilité de les valoriser, favorise la prolifération nucléaire. Mais « *cet argument n'est cependant pas fondé, car le plutonium qui sort de* [La Hague] *n'est pas de qualité militaire : pour en faire du plutonium utilisable militairement, sa composition isotopique devrait être enrichie en certains isotopes, ce qui est très coûteux et relève d'une autre technologie*[16] ».

Enfin, le fait que ces matières soient potentiellement réutilisables, constitue la raison pour laquelle elles ne sont pas considérées comme des « déchets », ce qui constitue une autre critique du discours antinucléaire concernant le recensement de ces derniers : « *Il apparaît enfin clairement que la stratégie de séparation transmutation présentée par les tenants du nucléaire comme la voie royale, repose sur des manipulations sémantiques, une exigence implicite de poursuite du nucléaire sur plus d'un siècle et sur des paris scientifiques, industriels, économiques et sociaux majeurs* [...][17]. »

On peut être « pour ou contre » la continuation d'un programme nucléaire. Mais il faut souligner ici que les

---

16 *Le nucléaire, avenir de l'écologie ?*, *op. cit.*, p. 288.

17 « Petit mémento des déchets nucléaires – Éléments pour un débat sur les déchets nucléaires en France », Les Cahiers de *Global Chance* (numéro hors série, septembre 2005, PDF) http://www.agora21.org/editiona21.html, p. 5.

auteurs reprochent ni plus ni moins aux pronucléaires 1) de s'engager sur le long terme (« *un siècle* »), ce qui, dans le cadre d'une politique énergétique, n'a rien d'extraordinaire et 2) de proposer des paris[18] qui engagent la société. Depuis quand le simple fait de proposer un objectif ambitieux est-il blâmable ?

Les mêmes auteurs estiment ensuite que la différence que fait l'industrie nucléaire entre déchets nucléaires et matières valorisables n'est pas valable puisque « *les matières dites valorisables peuvent à tout instant se transformer en déchets au gré des fluctuations des politiques énergétiques.* » Selon eux, la gestion des déchets crée des problèmes « *d'environnement, de santé et de sûreté majeurs* » puisque les recherches focalisent l'attention sur le très faible pourcentage de déchets ultimes, « *qui ne représentent qu'un faible pourcentage des matières dangereuses à gérer dans les décennies qui viennent.* [...] »

Ici, il est fait deux reproches assez étranges à l'industrie nucléaire. Tout d'abord celui de considérer des produits comme « potentiellement valorisables », alors que ceux qui dénoncent cette attitude sont également ceux qui tentent d'empêcher le progrès en la matière. Ensuite, celui de

---

18 Il s'agirait en l'occurrence davantage d'un défi que d'un pari. Dans le second cas, le principe est que le perdant doit payer une somme au gagnant. Or, dans le cas où la France continuerait dans la voie du nucléaire, il n'y aurait pas deux « équipes » : c'est toute la société qui s'engagerait. La notion de défi implique le fait de prétendre quelqu'un incapable de faire une chose précise. C'est ici plus approprié.

concentrer la recherche nucléaire sur le problème qui pose le plus de difficultés…

Enfin, ils estiment que cette gestion des déchets à géométrie variable est « dangereuse » puisqu'elle n'est pas représentative de « *la réalité des risques pour la santé, la paix et l'environnement que fait peser sur la population le système électronucléaire actuel et son évolution.* […] »

Conclusion typiquement fourre-tout de la rhétorique antinucléaire : prétexter en vrac la paix, la santé et l'environnement pour dénoncer la prétention du nucléaire à proposer une vision énergétique de long terme – avec laquelle on peut parfaitement être en désaccord –, pour laquelle les décisions relèvent de la sphère politique.

En résumé, le nucléaire est donc le seul domaine industriel qui :

1) publie sur Internet l'inventaire, mis à jour tous les deux ans, de ses déchets ;

2) est capable d'en évaluer le volume prévisionnel à plus de dix ans d'intervalle ;

3) se préoccupe du devenir de ses déchets depuis le début de son existence ;

4) investit des milliards pour trouver une solution à ceux qui sont potentiellement les plus dangereux.

Comparons avec d'autres secteurs.

Les déchets chimiques toxiques sont stables (éternels), en quantités phénoménales (100 kg/an/hab.) et non gérés.

Les déchets toxiques radioactifs ne sont pas éternels car ils perdent naturellement leur toxicité, les plus dangereux sont les moins nombreux – 1 462 m^3, soit 0,2 % du total des déchets nucléaires – et séparés de la biosphère.

Est-ce l'échelle de temps qui effraye ? Alors pourquoi ne pas se concentrer sur les déchets réellement toxiques « pour l'éternité » qui se baladent dans la nature, plutôt que par les déchets nucléaires, refroidis, vitrifiés, cimentés, bétonnés et confinés ? Comme l'exprime la société Française d'Énergie Nucléaire : « *Les générations précédentes nous ont "légué", par la force des choses, leurs déchets toxiques, chimiques ou nucléaires. Il serait malvenu de leur en faire le reproche. En effet, dès lors que la plupart des activités humaines produisent des déchets dont certains restent potentiellement dangereux pendant des durées infinies (comme nombre de toxiques chimiques) ou sur de très longues périodes (comme certains types de déchets radioactifs), un tel "legs" intergénérationnel est dans l'ordre des choses. Il faut l'assumer d'autant plus que ces déchets sont la résultante de processus industriels, énergétiques, médicaux, etc. induisant dans leur ensemble une amélioration des conditions de vie qui profite aux générations successives… et notamment à la nôtre.* »

Si l'industrie chimique faisait autant d'efforts que le nucléaire pour gérer ses déchets, elle ferait faillite. Du point de vue du respect de l'environnement, la gestion des déchets nucléaires est en fait l'atout le plus important de cette industrie. Si le lobby antinucléaire a réussi un exploit, c'est en parvenant à faire croire le contraire.

MENSONGE N° 3

L'industrie nucléaire pollue la nature

« Trompeur », « non objectif », « ridicule ». Tels sont les adjectifs employés par les relecteurs du rapport de Wise-Paris de 2001 intitulé « Effets toxiques potentiels des installations de retraitement nucléaires de Sellafield et Cap de La Hague », disponible sur son site Internet. Wise-Paris est un organisme qui se définit comme « Service mondial d'information sur l'énergie et l'environnement ». Il est ouvertement antinucléaire. À la fin de son rapport, on trouve le rapport d'évaluation de trois scientifiques qui ont procédé à sa lecture critique, comme le veut l'usage. Ces derniers reconnaissent l'important travail de collecte de données à partir de publications gouvernementales et non-gouvernementales, issues de journaux scientifiques internationaux, etc. Toutefois, sur le fond du problème, c'est-à-dire l'interprétation des données concernant la pollution radioactive, et donc les conclusions de ce rapport, ces mêmes auteurs sont beaucoup moins élogieux.

Dr Ian Croudace, de l'unité de conseil en géosciences du Centre océanographique de Southampton :

P. 159-1 : « *Je pense en fait que* [Wise-Paris] *est un groupe de pression et, sans profil transparent, les lecteurs auront des doutes quant à l'objectivité de ce rapport. J'aurais également aimé savoir comment le Parlement européen* [qui a demandé ce rapport suite à une pétition] *a octroyé la réalisation de ce rapport à Wise-Paris – était-ce sur invitation ou suite à un processus de sélection ?* »

P. 159-3 : « *Dans le résumé exécutif (p. 5), il est indiqué que les doses reçues par les groupes critiques au cours des années 70 et 80 ont excédé les limites actuelles de dose pour le Royaume-Uni. Il est trompeur de comparer des doses de groupe critique historiques avec des limites de doses actuelles.* »

P. 159-5 : « *À titre de comparaison, une section sur* [les usines produisant des minerais de phosphates et dont les rejets radioactifs arrivent dans la mer ou dans l'environnement de l'estuaire] *pourrait être incluse dans ce rapport. Il pourrait ainsi replacer les déchets radioactifs dans leur contexte avec les autres déchets radioactifs.* [...] *À nouveau, les auteurs* [du rapport] *pourraient être accusés de ne pas être objectifs en ignorant d'autres sources significatives de rejets radioactifs dans l'environnement marin* [que celles issues des installations nucléaires]. »

P. 160-9 : « [...] *Il est ridicule de considérer que des scientifiques soient coupables de mener des travaux de recherche sur la radioactivité environnementale.* [...] *En effet, seuls les résultats de ces travaux permettent d'évaluer objectivement un impact.* »

Les remarques du Dr Mitchell, du département de physique expérimentale de l'Université d'Irlande à Dublin, sont résumées dans cette phrase :

« *J'ai de sérieux doutes ici quant à la notion d'objectivité. Sur le fond, mon avis est que le rapport se serait éloigné de la stricte objectivité concernant au moins certaines de ses conclusions.* »

Le troisième relecteur de ce rapport, Dr Zerbib, s'en tient, globalement, à résumer le plan du rapport.

Pourquoi citer ces critiques en particulier ? Parce qu'elles résument **l'analyse**, faite par les antinucléaires, des informations publiées par n'importe quelle source gravitant autour de l'industrie nucléaire, concernant les rejets radioactifs, chimiques, les sites pollués par la radioactivité ou encore l'impact d'une canicule.

1) Les émissions radioactives

Pour savoir si les rejets radioactifs polluent, c'est-à-dire nuisent à l'homme ou à l'environnement, il faut estimer la dispersion des radionucléides dans l'environnement ainsi que le transfert de la radioactivité par l'air, l'eau et la chaîne alimentaire jusqu'aux individus. Pour ce faire, on prend en compte le groupe d'individus le plus exposé (groupe de référence), **de manière réaliste** (voir plus bas à ce sujet), par rapport à l'installation nucléaire en question. Au final, 1) si la moyenne individuelle des membres de ce « groupe de référence » est inférieure aux limites autorisées ; et 2) si l'industrie montre qu'elle a réduit les niveaux de rejets aussi bas que raisonnablement possible (principe ALARA), alors la population prise en compte est réputée protégée.

Mais pour être, aujourd'hui, transparent, ce processus n'en est pas pour autant exempt de polémiques – comme souvent dans le nucléaire, tant ce sujet est complexe. Exemple : la France estime **réaliste**, pour évaluer l'impact des rejets radioactifs de ses installations nucléaires, de considérer 1) des individus réellement existants ; 2) susceptibles d'être les plus exposés de par leur localisation géographique (sous le vent des rejets) ; et 3) du fait de leurs habitudes alimentaires (personne mangeant des aliments marqués par les rejets)[1]. Mais d'autres pays européens prennent en compte un groupe d'individus virtuels qui vivraient 100 % en autarcie, sur la portion de territoire la plus exposée aux rejets et qui ne mangeraient que des aliments radioactivement marqués ; et ce, même si personne ne vit ou ne cultive effectivement à l'endroit en question. Faut-il considérer les hypothèses les plus pénalisantes[2] ou les plus réalistes ?

1 Aujourd'hui, les doses calculées avec la méthode « réaliste à la française » sont de l'ordre de quelques centièmes de millisievert, et même souvent très inférieures à cette valeur. Quant aux doses dues aux rejets réels, elles sont évidemment encore plus faibles.

2 Comme c'est le cas notamment dans la gestion des déchets radioactifs.

Un élément de base permet de mettre ces querelles d'experts en perspective : le principe d'**optimisation**. C'est l'approche « technologique » : s'il est techniquement possible de diminuer les rejets, alors on les réduit, même s'il est prouvé qu'il n'y a, à un moment donné, plus aucun impact sur l'environnement ou sur l'homme (c'est l'approche « sanitaire »). Depuis 1985, les rejets radioactifs ont été divisés par 100 (hors rejets liquides de tritium et carbone 14[3]), et actuellement la radioactivité concernant la majorité des rejets de radionucléides n'est même plus détectable. Michel Chartier, de l'IRSN : « *L'inconvénient majeur aujourd'hui* [du modèle basé sur des mesures et non sur des modèles informatiques], *alors que les rejets de la plupart des installations ont beaucoup diminué, est la grande difficulté à obtenir des mesures significatives (c'est-à-dire au-dessus de la limite de détection) pour un grand nombre de radionucléides rejetés. Il a parfois été suggéré de calculer l'impact à partir des limites de détection quand aucune mesure significative n'est disponible pour un radionucléide dans un compartiment de l'environnement. Une telle approche surestime le risque, parfois de façon excessive, en particulier quand les radionucléides susceptibles d'être rejetés sont nombreux ; une telle approche serait très peu réaliste et d'aucune utilité pour l'optimisation des rejets. C'est pourquoi la méthode par modélisation est très utilisée*[4]. »

---

3 Ces deux radionucléides ne sont pas piégeables à l'état liquide mais sont très peu radiotoxiques. Mais des études sont – par précaution – actuellement en cours.

4 « Dossier : les rejets radioactifs en France », Dossiers *Contrôle* 177, ASN, novembre 2007, p. 28.

Aujourd'hui, les rejets radioactifs les plus importants sont ceux de La Hague. La dose imputable à cette radioactivité, estimée par le GRNC[5] pour le groupe de référence le plus pénalisant, est cohérente avec celle estimée par Areva : 10 µSv/an, soit quatre fois moins que l'impact radiologique sur l'homme des rayons cosmiques et cent quatre-vingts fois moins que l'exposition à la radioactivité d'origine naturelle dans le Nord-Cotentin, où est située l'usine. L'impact annuel de cet établissement est inférieur à 0,020 mSv/an, niveau confirmé par le GRNC. Mais, principe d'optimisation oblige, bien qu'une étude ait conclu à un impact radiologique non significatif des rejets prescrits en 2003, certaines limites ont malgré tout été abaissées pour l'année 2007. La logique du principe d'optimisation « indexé » sur celui de précaution montre ici ses limites, avec des normes toujours plus basses malgré des rejets qui ne sont même plus détectables. La radioactivité due aux installations nucléaires, aux activités médicales ou aux autres activités industrielles est de l'ordre du pour cent de la valeur réglementaire de 1 mSv. La majorité de ce pour cent est constituée par les effluents

5 Le Groupe radioécologique Nord-Cotentin, qui rassemble experts institutionnels, industriels et associatifs, a été formé à la fin des années 90 à la demande des ministres de la Santé et de l'Environnement, à la suite d'une étude publiée en 1997 dans le *British Medical Journal*. Elle émettait l'hypothèse – infirmée – d'un lien de cause à effet entre les rejets radioactifs de La Hague et des cas de leucémie chez les 0-24 ans. Cette étude déplaçait pour la première fois la problématique de la qualité des mesures, sur le terrain de leur interprétation en terme de risque. À l'origine ponctuel, ce groupe a continué son activité de contrôle jusqu'à aujourd'hui.

générés par les anciennes mines d'uranium. Ces derniers sont traités avec « *des résultats largement supérieurs aux exigences réglementaires* [tout en n'étant] *pas suffisants pour garantir l'avenir*[6] ». Des travaux sont donc en cours pour améliorer cette situation.

Pour mettre ces rejets radioactifs de manière globale en perspective, on peut souligner qu'aux États-Unis, par exemple, il n'y a de contrôle systématique que pour les rejets les plus importants, les autres rejets ne font l'objet que d'un contrôle trimestriel. C'est d'ailleurs ce type de politique qui était auparavant appliqué en France. Marc Stoltz, de l'ASN : « *Par le passé, les conditions d'autorisation de fonctionnement des INB conduisaient à considérer un rejet très faible (inférieur aux limites de détection de l'époque) comme n'existant pas. Cela a conduit des INB comme la centrale nucléaire de Brennilis ou le Centre de stockage de l'Aube de l'Andra à fonctionner en toute régularité sans disposer d'autorisation de rejet. Aujourd'hui, la mise en œuvre du droit à l'information conduit à considérer qu'un tel rejet nécessite une procédure d'autorisation, qui aboutit à la fixation de limites de rejet*[7]. » Limite qui doit donc être, par principe, régulièrement revue à la baisse… tombant ainsi dans un cercle vicieux.

L'émergence de ce **droit à l'information** a constitué un tournant majeur des années 90, tous secteurs confondus,

6 « Dossier : les rejets radioactifs en France », *op. cit.*, p. 56.
7 *Ibid.*, p. 25.

et notamment dans le domaine environnemental. Mais la transparence dans un domaine scientifique aussi complexe que le nucléaire, lui-même inséré dans un contexte politique national ou local, soulève des problèmes de fond peu soupçonnés. Pour ce qui est du nucléaire, on peut relever cette remarque de Gaëtan Rudant, adjoint au directeur de l'environnement et des situations d'urgence de l'ASN : « *Des dizaines d'unités, des mesures qui ne permettent pas de déterminer l'impact, des calculs que seuls les experts les plus aguerris peuvent appréhender, des expositions dues aux activités humaines très faibles par rapport aux expositions naturelles… Tout concourt à faire de l'information sur les rejets une énigme indéchiffrable. Et pourtant il est légitime que le public souhaite avoir une information compréhensible. C'est même un droit*[8] *que lui reconnaît la charte sur l'environnement adossée à la Constitution française*[9]. »

Mais pour être complexe, le domaine nucléaire n'en est pas pour autant **in**compréhensible. On peut d'ailleurs se demander, à l'instar de nombreuses études sociologiques, pourquoi la profusion d'informations scientifiques publiées[10] ne semble pas contribuer à rassurer la population. Un élément de réponse semble résider dans le constat suivant :

8 Loi n° 2006-686 du 13 juin 2006 relative à la transparence et à la sécurité en matière nucléaire, dite loi TSN.

9 « Dossier : les rejets radioactifs en France », *op. cit.*, p. 7-8.

10 Ainsi que leurs critiques. Une excellente source d'informations équilibrée est le forum [nucléaire] dans les groupes de Yahoo.

dans le domaine de l'information nucléaire, la majorité des organisations qui se disent « indépendantes » sont toutes ouvertement et **exclusivement** antinucléaires. Or, si indépendant signifie ni « pour » ni « contre », pas une seule information positive sur le nucléaire n'est jamais mentionnée, malgré les progrès objectifs relevés dans ce livre – qu'on peut estimer ne pas suffire, mais qu'on ne peut ignorer. Au mieux, ces organisations « indépendantes » publient des informations négatives – et elles sont dans ce cas parfaitement dans leur rôle –, au pire, désinforment. Deux exemples pour illustrer ces deux cas.

Au regard du principe d'optimisation, qui veut que les limites de rejets soient constamment revues à la baisse, les anciennes normes sont forcément plus élevées qu'aujourd'hui. Cela fait dire aux antinucléaires que « si les limites sont revues en permanence à la baisse, c'est qu'elles étaient forcément fixées à des niveaux dangereux auparavant »... Il suffit de se renseigner sur les principes de base du fonctionnement de l'industrie nucléaire pour se rendre compte des raisons de ces abaissements de limites.

Jusqu'à présent, le principe qui régissait les limites des rejets fixées par l'ASN était de garantir la faiblesse de l'impact, tout en incitant le producteur à les diminuer. En clair, la question n'est pas de savoir s'il y a un risque : les valeurs doivent tendre vers zéro, coûte que coûte. Mais l'expérience a montré qu'un tel raisonnement est contradictoire. En effet, un processus industriel connaît inévitablement des fluctuations (taux de combustion, nombre d'arrêts de réacteurs, etc.) avec des hausses et des baisses d'activité. Si on décrète, quoi qu'il arrive, une diminution constante des valeurs de rejets, il arrivera inévitablement un moment où le processus industriel dépassera ces valeurs toujours plus faibles. Résultat : le manque de lisibilité est allègrement exploité par Wise[11] : « *La présentation par EDF de l'impact pour des rejets aux limites ne permet pas de mesurer précisément l'impact des rejets potentiels dans le cadre d'une situation de fonctionnement dégradée. Ces rejets, pour l'ensemble des radionucléides hors tritium et carbone 14, ont en effet un impact beaucoup plus faible (moins de 5 % de 0,6 µSv) en valeurs réelles en fonctionnement normal qu'en calcul sur les valeurs aux limites (près de 15 % de 3,6 µSv) : cette différence traduit les importantes marges que l'exploitant conserve dans ses demandes pour fonctionner "normalement", c'est-à-dire sans déclaration de situation d'incident, dans des conditions dégradées.* »

Dans la suite du rapport, Wise insiste à juste titre sur le fait « *qu'aucun détail* [n'est] *fourni pour mieux* [estimer l'impact de ces limites]. » On peut en effet considérer dans le cas présent qu'il y a un manque de transparence. Mais peut-être Wise serait-elle également dans son rôle en incitant le lecteur à constater qu'il s'agit, au pire, de valeurs de l'ordre de… 15 % de 3 microsieverts.

11 « Enquête publique "Rejets Cattenom" », Wise-Paris, octobre 2003, p. 7.

Au final, eu égard à cette stratégie du « choc des mots » appliquée depuis des décennies, l'industrie nucléaire pourra faire tous les efforts de communication qu'elle voudra, il est probable que cela fera l'effet d'une piqûre de moustique face au lobby antinucléaire. À moins, bien sûr, que ces antinucléaires ne reconnaissent un jour leur dogmatisme idéologique.

À ce propos, Henri Lehn relate l'anecdote suivante : *« Il y a quelque temps déjà, le Parlement européen avait commandé une étude à Mycle Schneider, patron de Wise-France. Dans cette étude, il était orchestré une véritable "chasse aux becquerels" en oubliant bien sûr les becquerels naturels et les becquerels "médicaux". J'avais contacté les parlementaires européens pour leur souligner le fait que les becquerels médicaux étaient tout de même les plus nombreux des becquerels artificiels dans la nature. Les députés européens m'avaient transféré sur Mycle et nous avions discuté. Et finalement on était tombé d'accord sur le fait que les cellules sont le plus sensibles aux rayonnements lorsqu'elles sont dans un état de division extrême, c'est-à-dire à la conception même. Conclusion : Wise recommande de faire des enfants dans des lieux référencés à très bas bruit de fond… le mieux bien sûr étant des salles en "vieux plomb". En sus de quoi tout un système de badges radiologiques à grande échelle, etc. Enfin toute une poésie "verte", c'était un échange d'anthologie ! »*

Aujourd'hui, lors de débats, la simple évocation du mot « nucléaire » provoque presque des crises d'hystérie. On en arrive même à des situations ubuesques. Par exemple[12], à Nogent-sur-Marne, à côté de Paris, une école a été construite en 1969 sur le site d'extraction du radium de Marie Curie. Trois études ont été menées pour tenter de mesurer l'impact éventuel des conséquences de l'irradiation de traces radioactives restées sur place. La dernière étude concluait : « *Compte tenu de la quasi-exhaustivité de la reconstitution de la cohorte des enseignants et des personnels communaux, ces calculs de risque suggèrent qu'il n'y a pas d'excès de risque de cancer au sein de cette population.* » Contrairement aux enseignants et aux personnels communaux, les élèves n'avaient pas pu être retrouvés, d'où le « quasi ». Mais cette étude faisait suite à deux autres qui n'avaient pas non plus pu retrouver les élèves de cette école. D'où la conclusion : « *Ces difficultés avaient été soulevées dès la réalisation du protocole d'étude, et justifient qu'à l'avenir et en présence de problématique similaire, l'attention nécessaire soit portée à l'étude de faisabilité avant tout engagement.* » En d'autres termes, les deux premières études n'avaient pas retrouvé les élèves, et la troisième n'avait pas fait mieux. La seule chose que puissent confirmer les chercheurs dans la troisième étude… c'est qu'ils n'en savent pas plus qu'avant. Mais le discours public a ses contraintes et il est difficile pour un

12 Jean de Kervasdoué, *Les Prêcheurs de l'apocalypse*, Plon, août 2007, p. 143.

responsable de dire publiquement qu'« *a priori*, il n'y a pas grand-chose, mais on n'en sait pas plus ». Comme le dit très justement l'auteur du livre cité : « *Une recherche n'est pas toujours convaincante, même quand elle aboutit.* » Ainsi, le directeur général de la Santé avait commenté les conclusions de cette troisième étude lors d'un débat en disant : « *Une telle impuissance n'est tout de même guère évidente à formuler dans un débat public !* [...] *Il est trop facile de se draper dans la pureté méthodologique en privilégiant les questions de validité mais en laissant les autorités et la population inquiètes et sans réponse.* »

Cela rejoint l'esprit des propos de Gaëtan Rudant de l'ASN : « *Le public a le droit d'être informé. Le problème c'est quand on n'a rien à lui dire de simple, et encore... quand on a quelque chose à lui dire.* »

En fait, la première conséquence d'un lien éventuel entre les rejets radioactifs des installations nucléaires de base (INB) et l'impact sanitaire sur les populations réside dans l'apparition de leucémies.

Wise-Paris, dans son rapport[13] sur les effets toxiques potentiels de La Hague, reconnaît en conclusion qu'« *il n'y a, jusqu'à présent, aucune preuve conclusive instaurant un lien de cause à effet entre* [les leucémies observées] *et les rejets radioactifs de La Hague* ». Mais, dans son développement, le

13 « *Possible toxic effects from the nuclear reprocessing plants at Sellafield and Cap de La Hague* », Wise-Paris, November 2001, p. 14.

texte n'en est pas moins tendancieux : « [...] *Cependant, on estime que les accidents/incidents sont responsables de 36 % du niveau de risque de leucémies pour la catégorie des 0-24 ans autour du site de La Hague* [...][14]. » L'argument de conclusion de ce paragraphe est ainsi artificiellement alarmiste, puisque les auteurs parlent finalement d'un « pourcentage de niveau risque ». En clair, il est seulement **probable** qu'une certaine classe d'âge – rien moins que vingt-cinq ans d'intervalle – courre **éventuellement** un risque.

Suit un paragraphe sur la morbidité due au cancer, dans le département de la Manche. Il indique la présence d'un taux accru de cancers des organes digestifs dans le Nord-Cotentin et souligne que « *seule la région de Cherbourg indique une mortalité significativement plus haute que la valeur moyenne régionale pour les hommes* »[15] Mais une précision a été omise, celle apportée par le dossier 156 de la revue *Contrôle* de l'ASN[16], consultable sur Internet, à savoir que « *depuis 1984, de nombreuses études* [...] *destinées à évaluer le risque de leucémies infantiles ont été réalisées à proximité d'installations nucléaires.* [...] *Un excès d'incidence de la leucémie existe bel et bien à proximité de certaines installations nucléaires,* [...] *toutefois, l'existence d'excès de cas loin de toute installation nucléaire a également été constatée, et les résultats*

14 *Ibid.*, p. 13.
15 *Ibid.*, p. 63.
16 « Épidémiologie et rayons ionisants », *Contrôle* 156, ASN, 2004, p. 94.

des études multisites infirment l'hypothèse d'un accroissement du risque de leucémie associé aux rejets radioactifs ». Les taux élevés de leucémies ne sont pas l'apanage des habitants résidant à proximité des centrales.

Sur le fond du problème, deux récentes études (2004 et 2006[17]) ont confirmé l'absence de lien **de cause à effet** entre les taux de leucémies et la proximité d'une population par rapport à une centrale nucléaire, au cours des années 1990 à 2001. Pour être tout à fait complet, une étude allemande de décembre 2007 établit **une corrélation** entre ces deux paramètres, mais sans établir de lien **de cause à effet**. Cette précision rhétorique fait l'objet d'une analyse dans le dernier chapitre. Pour ce qui est des études de 2004 et 2006, la première prenait en compte un éloignement des INB par cercles concentriques de 5 km de rayon. Si, du point de vue de la distance entre une population et une INB, le principe était bon, l'étude ne prenait pas en compte l'aspect fondamentalement volatil des gaz, à savoir leur répartition géographique en fonction de facteurs météorologiques. Une autre étude a donc été menée deux ans plus tard, prenant en compte l'éloignement par rapport à l'installation nucléaire mais aussi la direction et la vitesse du vent, la stabilité

17 1) « Incidence des leucémies de l'enfant aux alentours des sites nucléaires français entre 1990 et 1998 », *Bulletin épidémiologique hebdomadaire*, Institut de veille sanitaire, 24 janvier 2006, p. 31.
2) « *Childhood leukaemia incidence around French nuclear installations using geographic zoning based on gaseous discharge dose estimates* », *British Journal of Cancer*, 2006.

verticale de l'atmosphère ainsi que la fréquence pluviométrique. À nouveau, aucun lien n'a pu être établi entre le nombre de leucémies et les rejets gazeux radioactifs des INB. Les doses de radioactivité dues aux rejets liquides n'ont pu être estimées dans cette étude. Mais les résultats des analyses étaient les mêmes quel que soit l'environnement de l'INB étudiée (rivière, mer, piscines, etc.). On est donc loin de l'affirmation péremptoire du document disponible sur le site Internet de « Sortir du nucléaire » intitulé « Déchets nucléaires : le casse-tête[18] » : « [...] *Par exemple, les animaux marins sont contaminés par les rejets de La Hague près des côtes françaises et jusqu'en Norvège !* »

2) Les rejets chimiques

Le 22 mai 2007, on pouvait lire dans le quotidien *La Croix*[19], les propos catégoriques de Stéphane Lhomme, porte-parole du réseau « Sortir du nucléaire » : « *De par ses rejets dans les rivières, le parc nucléaire est un des premiers pollueurs chimiques de France.* »

« Un des premiers »... belle tournure qu'on retrouve dans tout argumentaire marketing. Que ce soit pour encenser ou au contraire vouer aux gémonies, ce procédé est un classique. Reste que pour établir un ordre de grandeur, afin

---

18 « Déchets nucléaires : le casse-tête », Les dossiers Sortir du nucléaire, www.sortirdunucleaire.org, p. 11.
19 « Le nucléaire reste un sujet interdit », « Événement », *La Croix*, p. 3.

d'établir une comparaison, il faut des données. Or, quand on les lui demande, l'auteur de ces propos répond qu'il *rêve* de trouver le temps d'étudier ce dossier, qu'il qualifie d'« explosif ». Son argument choc ? Il ne voit pas ce qui pourrait polluer davantage, après l'agriculture et l'industrie chimique, que les réacteurs nucléaires et les centres nucléaires. Autrement dit, 1) il n'a aucun chiffre, donc ses propos dans *La Croix* n'ont aucun fondement et 2) que le nucléaire soit, ou pas, loin derrière « l'agriculture et le chimique », voire au même niveau ou pas qu'une autre industrie, il ne prend aucun risque à propulser le nucléaire au rang d'« un des premiers ». En fait, les propos de Stéphane Lhomme sont basés sur un dossier concernant la « pollution massive » dont serait coupable l'industrie nucléaire, dossier réalisé par son propre réseau. Mais après vérification, on se rend compte que chacune des données, exactes en elles-mêmes, fait l'objet d'une interprétation biaisée.

A) Chinon

Depuis 2004, les autorités françaises ont mis en place des mesures visant à limiter la concentration en légionelles dans les circuits aéroréfrigérants des centrales nucléaires. Ces mesures consistent en un traitement chimique par monochloramine. Traitement qui induit des rejets chimiques de nitrites et de nitrates. « Sortir du nucléaire » nous alarme, dans son dossier de presse, sur le fait que « *l'arrêté préfectoral provisoire du 6 août 2004,* [...] *n'est certainement pas en mesure* [de] *couvrir les rejets de nitrates et nitrites qu'il entraîne*[20] *!* ». C'est bien pour cette raison qu'il est « provisoire » et qu'une étude d'impact devait être réalisée. Par ailleurs, les risques à prendre en compte ne concernent pas seulement les nitrates et nitrites, mais également les composés organo-halogénés (AOX) et les matières en suspension (MES).

L'étude a été réalisée en se référant à cinq textes réglementaires, dont le Schéma directeur d'aménagement et de gestion des eaux (SDAGE) du bassin Loire-Bretagne et « *la fonction "potentialités biologiques" du Système d'évaluation de la qualité de l'eau (SEQ-eau) qui permet d'évaluer l'aptitude d'un cours d'eau à permettre la vie (faune et flore)* ».

Conclusion du rapport[21] : « *L'analyse du dossier d'EDF montre que les rejets induits par les traitements chimiques n'ont pas d'impact sur l'environnement et ne remettent pas en cause les objectifs précités, sauf* [dans 10 % des cas] *pour les* [AOX et nitrites]. [Mais même dans ces cas exceptionnels] *cette situation* [qui] *concerne un non-respect des objectifs du SDAGE, ne génère aucun risque pour l'environnement.* »

20 « Sécheresse et nucléaire », conférence de presse, 17 juin 2005, p. 2.
21 « Rapport de l'inspecteur des installations nucléaires de base », DRIRE du Centre, 6 juillet 2005, p. 13.

B) Saint-Laurent-des-Eaux

En 2005, « Sortir du nucléaire » attaque EDF en justice car la centrale de Saint-Laurent-des-Eaux « *viole en continu l'arrêté interministériel du 2 février 1999 autorisant Électricité de France à poursuivre les prélèvements d'eau et rejets d'effluents liquides et gazeux pour l'exploitation du site nucléaire de Saint-Laurent-des-Eaux*[22] ». Et de produire le tableau ci dessous[23] à l'appui :

Paramètres	**Valeur relevée par les inspecteurs dans le canal de rejet (en mg/l)**	**Valeur maximale autorisée par l'arrêté du 2 février 1999 (en mg/l)**
Sodium	24,2	6
Sulfates	26,4	13
Phosphore total	0,11	0,1
Chlorures	32,9	8

Commentaire : « *On note des rejets de 2 à 4 fois supérieurs aux limites légales !* [...] [l'ASN] *propose à EDF de demander une modification de l'arrêté du 2 février 1999.* » Conclusion : « [...] *il s'agit de toute évidence... de tenter de régulariser les infractions.* »

22 « Sécheresse et nucléaire », *ibid.*, p. 3.
23 *Ibid.*, p. 4.

Régulariser les infractions, oui… mais pas dans le sens où le réseau antinucléaire l'entend. « *Il s'agit en fait d'un problème de rédaction dans l'arrêté d'origine* », explique Nicolas Chantrenne, ingénieur des Mines[24] de l'Autorité de Sûreté du nucléaire pour la Région Centre.

En effet, lorsqu'on compare l'intitulé de la colonne correspondant aux valeurs à respecter de l'arrêté de 1999, et celui rédigé six ans plus tard, on lit :

2 février 1999 : « Concentration maximale des effluents avant rejet en Loire[25]. »

26 février 2006 : « Concentration maximale AJOUTÉE DANS LES EFFLUENTS avant rejet en Loire[26]. »

« Ajoutée dans les effluents » : simple artifice de rédaction ? Non, puisque les valeurs de 2006 dont il est question restent inchangées par rapport à celles de 1999. Le nouvel arrêté n'avait donc pas pour but de « légaliser des infractions » en révisant les chiffres à la hausse, mais de corriger une imprécision dans la rédaction de l'arrêté initial. Reste qu'un paramètre a été changé pour « coller » à la réalité du terrain, et que cela peut paraître douteux. En effet, si la

24 Entretien avec Nicolas Chantrenne.

25 « Arrêté du 2 février 1999 autorisant Électricité de France à poursuivre les prélèvements d'eau et rejets d'effluents liquides et gazeux pour l'exploitation du site nucléaire de Saint-Laurent-des-Eaux », *Journal officiel de la République française*, 30 avril 1999, p. 6484 et suiv.

26 « Arrêté du 21 février 2006 modifiant l'arrêté du 2 février 1999 autorisant EDF SA à poursuivre les prélèvements d'eau et rejets d'effluents liquides et gazeux pour l'exploitation du site nucléaire de Saint-Laurent-des-Eaux », *Journal officiel de la République française*, 7 avril 2006, texte 4 sur 108.

centrale rejette en fonction du texte **qui aurait dû être écrit** et non du texte **qui est en vigueur**, l'erreur de rédaction n'aurait-elle pas dû être soulignée dès l'origine ? Nicolas Chantrenne : « *Dans la pratique, au niveau national, concernant l'autosurveillance des rejets, il est toujours question de concentrations "ajoutées". La compréhension que faisait EDF des valeurs de l'arrêté de 1999 était logiquement basée sur ce principe. Les relevés d'autosurveillance ne montraient donc aucun dépassement.* »

En fait, c'est comme si on voulait connaître la qualité de l'air en ville en mettant un détecteur dans un pot d'échappement, ou dans un endroit où l'air est brassé : avant ou après dilution ?

C) Belleville

« La centrale nucléaire de Belleville (Cher) opère régulièrement des rejets illégaux de cuivre et de zinc. Comme pour les centrales de Chinon et de Saint-Laurent, EDF a demandé une modification des arrêtés de fonctionnement, afin de… régulariser les infractions. Mais cette demande a été annulée grâce à la requête d'une association concernant Natura 2000. La centrale continue donc ses infractions[27]… »

Là encore, les faits diffèrent sensiblement de l'interprétation de « Sortir du nucléaire ». Nicolas Chantrenne : « *Une procédure de révision avait été lancée pour rehausser les*

27 « Sécheresse et nucléaire », *op. cit.*, p. 4.

seuils de cuivre et de zinc. Cette procédure a en fait avorté, car au cours de l'instruction du dossier, une zone Natura 2000 à proximité a été définie. Un autre dossier aurait donc dû être constitué, prenant en compte ce nouveau paramètre mais entre-temps, Belleville a finalement réussi à réguler ses rejets pour respecter son arrêté actuel. »

3) Sites pollués radioactivement

L'exploitation des mines d'uranium en France sur cinquante ans et 200 sites conduit aujourd'hui au stockage d'environ 50 millions de tonnes de déchets[28]. Ces derniers sont constitués des résidus d'extraction et des résidus de traitement. Les sites sont réglementés tout comme les centres de stockage des déchets radioactifs. Ces 50 millions de tonnes de résidus ne constituent en fait que 1 % de la radioactivité imputable aux sites français pollués radioactivement, toutes causes confondues. La source de pollution de la majorité des sites pollués radioactivement en France est constituée par le domaine médical historique : extraction de radium 226 au début du siècle dernier, raffinage et conditionnement du radium 226 pour les produits parapharmaceutiques (1920-1940), fabrication et application de peinture pour la vision nocturne (radium 226 jusqu'en 1963, puis tritium – servant à fabriquer les aiguilles

28 Ministère de l'Écologie, du Développement et de l'Aménagement durables.

fluorescentes des réveils et des montres), préparation et extraction de terres rares pour la production de ferrocérium pour pierres à briquet (thorium 232). Il s'agit de radioéléments d'origine naturelle pour la plupart[29].

Depuis les années 2000, ce problème fait l'objet d'une attention au niveau international. La majorité des contaminations radioactives semblent dues, tous pays confondus, aux concentrations de radioactivité naturelle, conséquence de l'exploitation de minerais pour d'autres raisons que leurs propriétés radioactives (engrais notamment). Il est à noter d'ailleurs que la liste des sites pollués radioactivement est moins importante que celle qui répertorie les sites pollués par les produits chimiques[30].

4) Canicules

Enfin, on a beaucoup parlé des conséquences des rejets exceptionnels accordés aux centrales nucléaires pendant la canicule de l'été 2003. Ces autorisations ont été faites après avoir vérifié au cas par cas qu'il n'y aurait pas de « risque d'incidence notable sur le milieu[31] ». Un comité d'experts a

29 « Dossier : Contamination radioactive : quelles actions pour les sites pollués ? », Dossiers *Contrôle* n° 161, ASN, 2004, p. 53.

30 « Atelier presse : sites et sols pollués », Ministère de l'Écologie, du Développement et de l'Aménagement durables, 14 février 2007, p. 33, http://www.ecologie.gouv.fr/IMG/pdf/dossier__presse_Sites_et_sols_pollues_14fev07_jlp.pdf

31 « Rapport à Madame la ministre de l'Écologie et du Développement durable du Comité national de suivi des rejets d'eau exceptionnels des centrales de production d'électricité », 7 janvier 2004, p. 6.

été mis en place le 19 août 2003 pour en évaluer les conséquences immédiates. En fait, ces rejets étaient autorisés par des dérogations… qui n'ont pratiquement pas été exploitées[32]. Toujours selon ce rapport, il n'y a pas eu de surmortalité ou de « comportements anormaux » des poissons, alors qu'il y a eu des pics de température qui étaient supérieurs à ce qui est censé être létal pour cette faune. À long terme, au pire, le rapport prévoit la possibilité qu'il y ait moins de poissons à la saison suivante, dû à une moindre reproduction par affaiblissement lors de l'épisode de chaleur. Il n'y a eu aucun effet sur la santé humaine causé directement ou indirectement par ces rejets. Et pour relativiser à nouveau cette question, il faut savoir que ce problème des rejets est le même pour les centrales à énergie fossile…

32 *Ibid.*, p. 7.

MENSONGE N° 4

La réglementation de la radioactivité est basée sur des connaissances scientifiques

La réglementation de la radioactivité n'est pas basée sur des connaissances scientifiques, mais sur le principe de précaution. L'hypothèse de la Commission internationale de protection radiologique (CIPR) est qu'il existe un risque cancérigène, quelle que soit la dose de radioactivité reçue, que ce soit à faible dose (moins de 100 mSv) de manière chronique, ou plus de 100 mSv et en une seule fois – ce sont les deux extrêmes. Sachant qu'il est impossible de mesurer un quelconque effet de la radioactivité à faible dose reçue de manière chronique[1], la CIPR prend pour base de calcul les effets de la radioactivité sur les survivants d'Hiroshima et de Nagasaki. Or, il s'agit de fortes doses reçues en une

1 Il faudrait suivre des millions de personnes pendant au moins vingt ans, avec badges radiologiques à produire, envoyer, suivre, développer, et suivre les évolutions des individus…

seule fois… ce qui n'a rien à voir avec ce que l'homme reçoit tous les jours en provenance de la terre, du ciel, de ce qu'il mange, boit, etc.

Au contraire, la Nuclear Science and Technology Association de Taïwan explique[2] que « *les effets sur la santé de radiations ciblées ou chroniques sont totalement différents : les 86 572 survivants de la bombe atomique au Japon ont connu une hausse du taux de mortalité par cancer de 5,4 % en quarante ans, mais les 10 000 irradiés des habitations de Taïwan*[3] *ont, eux, connu une baisse de 97 % de leur taux de mortalité par cancer.* » Pour cette organisation, le phénomène qui s'est passé à Taïwan devrait être mis à contribution pour la prévention des cancers et maladies héréditaires. Quant aux différentes observations faites au sein d'environnements naturellement plus radioactivs que la moyenne, elle regrette qu'elles ne soient toujours pas reconnues par les autorités de régulation, « *alors que les données montrent que l'irradiation chronique est bénéfique* ». Si on s'en tient à la logique statistique de la CIPR, la radioactivité naturelle tuerait 6 000 personnes par an en France[4] et des millions au niveau mondial… Où sont ces victimes de Dame Nature ?

---

2 « *The True Health Effects of Radiation* », Nuclear Science and Technology Association and NBC Contamination Prevention Society, Moscou, juillet 2004. Document disponible sur www.ecolo.org, Documents/Radioactivité et santé-hormesis/The true health effects of radiation.

3 Voir chapitre « C'est radioactif, donc c'est dangereux ».

4 H. Joffre, ingénieur physicien de l'École supérieure de physique et chimie de Paris, chef du Service de protection contre les rayonnements du CEN de Saclay (1960-1979), vice-

Il y a un quart de siècle, lors d'un meeting du National Council on Radiation Protection and Measurements (USA) sur « Le Contrôle de l'exposition aux Rayonnements Ionisants dans le cas d'accident ou d'attaque », Alvin M. Weinberg[5], physicien nucléaire et administrateur du Oak Ridge Associated Universities, consortium d'universités américaines, comparait l'actuelle chasse au becquerel à la chasse aux sorcières d'antan. « *Aux XVe et XVIe siècles, les gens apprirent que leurs enfants mouraient et leur bétail dépérissait à cause des sorcières qui leur jetaient de mauvais sorts.* » Ainsi, des centaines de milliers de sorcières ont péri, brûlées sur le bûcher car elles étaient supposées être la cause du malheur. Lorsqu'on s'aperçu que le problème persistait, au lieu d'arrêter la tuerie, on décida d'en tuer encore plus. Aujourd'hui, il en va de même avec la radioactivité : certains experts « savent » que les faibles doses sont dangereuses. On meurt toujours autant de cancers ? Alors il faut continuer d'éliminer la radioactivité. « *De même qu'aux XVe et XVIe siècles il y avait une institution, l'Inquisition, qui était chargée d'extirper la cause du mal, aujourd'hui nous avons d'innombrables organisations, à la fois publiques et d'intérêt public, qui ont le droit de poursuivre cette tâche interminable de purification.* »

---

président de la Commission de radioprotection du CEA (1980-1983), le 15 mars 2002, site de l'Association des écologistes pour le nucléaire.

5 Physicien nucléaire (1915-2006). Discours disponible sur www.ecolo.org

Son discours date de… 1981. Mais il est toujours d'actualité.

Un quart de siècle plus tard, en décembre 2005, l'association de protection de l'environnement Robin des Bois publiait une étude[6] sur la radioactivité naturelle technologiquement renforcée. Certaines industries exploitent des matériaux naturels pour leurs propriétés autres que radioactives. Quand ils sont exploités industriellement, les déchets produits sont également « triés » industriellement : ils se concentrent. Concernant la radioactivité, c'est ce qu'on appelle la « radioactivité naturelle technologiquement renforcée ». Le secteur le plus souvent mis en avant dans ce domaine est celui des engrais, dans la composition desquels entre l'acide phosphorique. Une tonne d'acide phosphorique produit cinq tonnes de phosphogypse, déchet radioactif – entre 5 000 et 10 000 Bq/kg – de la production d'engrais. De 1984 à 2004, le dépôt d'Anneville-Ambourville a été alimenté par l'usine de Grand-Quevilly et comptabilise dix-sept millions de tonnes de phosphogypse. La demi-vie des radionucléides de ce secteur relève du millier ou du milliard d'années. Ainsi, l'impact radiologique de cet « énorme » dépôt était en 2004 de seulement un dixième du millisievert autorisé en plus de la radioactivité naturelle.

6 « La radioactivité naturelle technologiquement renforcée », association Robin des Bois, décembre 2005. Étude réalisée à la demande de la Direction générale de la Sûreté nucléaire et de la Radioprotection.

Rien de grave donc, sachant que cette radioactivité est par ailleurs recyclable : les résidus de la production d'engrais servent à la fabrication de carreaux de plâtre pour le bâtiment. D'aucuns dénonceraient donc ici des ordres de grandeur sans risque sanitaire… mais c'est oublier le passif dont « jouit » la radioactivité. Par précaution, le principe d'une radioactivité « aussi faible que technologiquement possible » a été érigé en dogme. La population, oubliant parfois qu'elle est elle-même radioactive, fuit la radioactivité naturelle comme les sorcières d'antan ; et les pouvoirs publics ne veulent prendre aucun risque. Résultat : depuis les années 2000, c'est un véritable rouleau compresseur qui s'est mis en marche sous la forme d'une réglementation effective ou à l'étude. Les secteurs les plus divers sont touchés. Si les engrais, le pétrole, le gaz ou le charbon étonneront *a priori* peu, d'autres sont plus insolites, comme l'industrie de la biomasse, de la géothermie, des stations thermales, du papier ou des eaux minérales.

Vers Pau, Total exploite depuis les années 50 le gisement de gaz de Lacq. Certains déchets de cette exploitation sont injectés depuis 1975 dans des réservoirs géologiques – solution autorisée par le préfet sans enquête préalable. En 2002, le même réservoir est étendu aux déchets de l'industrie chimique de Mourenx, qui regroupe le soufre, la pharmacie et la cosmétologie. Tous les liquides injectés sont non biodégradables. En admettant le caractère radioactif de certains de ces éléments, on peut ainsi dire que le stockage géologique de déchets radioactifs à vie longue se pratiquerait en France depuis trente ans[7].

L'industrie des thermes utilise des canalisations. Dans les coudes ou les ballons d'eau utilisés, des « points chauds » à 22 mSv/an ont pu être détectés, dus à des concentrations de divers éléments. En prenant en compte l'ensemble des descendants radioactifs de ces « amas », on atteint les 55 000 Bq/kg. D'après le laboratoire de physique de Clermont-Ferrand et selon la réglementation en vigueur, ces amas de radioactivité sont à la limite de la qualification de « déchets radioactifs » éligibles dans les centres de stockage de l'Andra. Va-t-on bientôt entendre parler de radioprotection chez les plombiers qui interviennent dans les stations thermales… ou au contraire reconnaître l'innocuité, voire les bienfaits de la radioactivité chronique à faible dose ? Henri Lehn : « *Il y a chroniquement le problème des cures thermales, eaux radioactives le plus souvent par apport de radon et connues depuis les Romains pour leurs bienfaits… Est-ce que la tradition historique est suffisante pour justifier l'hormesis*[8] *? C'est ce qu'ils pensent en Allemagne, avec la remise en route de la station thermale de Chemnitz, située à proximité d'une mine*

7 « La radioactivité naturelle technologiquement renforcée », association Robin des Bois, décembre 2005, p. 118.

8 Effet bénéfique des faibles doses.

d'uranium exploitée pendant la guerre froide ; et pourtant, en principe, les Allemands sont plutôt "Verts de chez Vert". »

La directive européenne 98/33 CE relative à la qualité des eaux pour la consommation humaine n'intègre pas les eaux minérales. Or, la consommation de ces dernières a progressé de manière tout aussi exponentielle que le taux de pollution des eaux superficielles. Les autorités françaises ont donc décidé d'appliquer la directive à ces eaux minérales. Sur la base de 730 litres d'eau hors robinet consommés par an, 1 litre ne doit pas dépasser la valeur de 0,49 Bq/l, tous émetteurs radioactifs confondus. Au seul regard du radium 226 et de l'uranium qui sont les deux principaux contributeurs à la radioactivité des eaux minérales plates ou gazeuses, il apparaît, en se basant en particulier sur les travaux du Service central de protection contre les rayonnements ionisants en date de 1968, que 56 sources doivent désormais être soumises à l'extraction préalable de la radioactivité naturelle – ou mettre la clé sous la porte – si leurs exploitants veulent se conformer à la réglementation. Exemple : l'eau de Badoit contient 58 mg d'uranium par mètre cube (70 Bq/l) avant traitement et n'en contient plus que 5 mg après traitement. Par contre, la source Janette, dans les Pyrénées-Orientales, contenait 2 Bq/l de radium. Pour continuer de fonctionner, l'entreprise aurait dû filtrer l'eau émergente dans des sables manganifères. Sables qui, au bout de quelques années, auraient été saturés et fatalement considérés comme des « déchets radioactifs » et envoyés dans des centres de stockage de l'Andra. Trop lourd à gérer, Janette a donc fermé, pour deux atomes de trop.

C'est dans ce secteur des eaux minérales qu'on atteint le comble de l'hypocrisie. Contrairement aux autres « ingrédients » qui la composent, et alors qu'ils sont naturellement présents et dûment contrôlés, la mention du nombre de becquerels présents dans l'eau n'est pas obligatoire : cela ferait fuir le consommateur. Mieux : lors du contrôle, on ne parle pas de radioactivité – trop péjoratif – mais de « recherches en radioactinologie ».

La moitié de l'exploitation d'eau souterraine par forage est réalisée par l'industrie agroalimentaire. Il n'y a aucune réglementation radiologique et rien ne protège les foreurs du radon libéré par les fractures réalisées dans le granite. À l'occasion de l'enquête de « Robin des Bois », aucune réponse n'a été donnée aux questions relatives aux déchets chimiques, bactériologiques et radioactifs par l'industrie de la géothermie. Les papeteries utilisent des chaudières et brûlent des milliers de tonnes de bois. Aucune étude radiologique n'a jamais été réalisée sur la contamination par les cendres – épandues ou enfouies – des papetiers. Ces secteurs vont-ils se faire rattraper par la réglementation ? Ce serait un comble, d'autant plus que les autorités reconnaissent ouvertement que le problème n'est pas sanitaire, mais médiatique. L'IRSN : « *Malgré l'impact négligeable qu'elle présente, la présence même de matière radioactive naturelle dans ces déchets peut susciter des interrogations diverses et doit donc être tracée et l'information conservée. C'est notamment le cas pour les quantités stockées et les caractéristiques radiologiques des déchets à radioactivité naturelle concentrée ou renforcée reçus*[9]. » En d'autres termes, non seulement il n'y a aucun danger, mais si on informait correctement les populations, les « interrogations diverses » trouveraient leurs réponses. Mais cela sonnerait le glas de la chasse aux sorcières.

Ainsi, d'un côté Wise-Paris s'inquiète du fait que la centrale nucléaire de Cattenom puisse rejeter la valeur infime de « quinze pour cent de 3,6 µSv[10] », d'un autre une société doit mettre la clé sous la porte parce qu'il y a deux atomes de trop qui se désintègrent dans ses bouteilles. La fin des années 90 a marqué le début d'une obligation de transparence dont – sans en remettre en cause l'intérêt – on peut voir comment elle peut être dévoyée, voire instrumentalisée. C'est dans ce contexte que Jacques Pradel, ancien président de la Société française de radioprotection, a trouvé le courage d'avouer publiquement comment il a pu dissimuler des dizaines de tonnes de plutonium[11] :

---

9 « Guide méthodologique pour l'acceptation de déchets présentant une radioactivité naturelle dans les installations classées d'élimination », IRSN, Direction de l'environnement et de l'intervention, Service d'analyse des risques liés à la géosphère, 2006, p. 39.

10 « Enquête publique "Rejets Cattenom" », *op. cit.*, p. 7.

11 Jacques Pradel, « Confession d'un nucléocrate sur la radioactivité naturelle », 2004, www.ecolo.org, Documents/La radioactivité naturelle/

LA CONFESSION D'UN NUCLÉOCRATE :

« COMMENT J'AI CACHÉ DES DIZAINES DE TONNES DE PLUTONIUM ! »

par Jacques Pradel

Ancien président de la Société française de radioprotection

(Paru dans Fusion n° 72, sept.-oct. 1998)

À l'approche de l'an 2000, confronté à l'exigence de transparence, je crois de mon devoir de soulever les jupes du lobby nucléaire.

Tout au long de ma carrière au Commissariat à l'énergie atomique (CEA), j'ai été contraint de pratiquer, comme tous mes collègues, la langue de bois. Étant donné la perspective de la coupure du cordon ombilical qui reliait mon unité, à savoir le département de protection technique de l'Institut de protection et de sûreté nucléaire (IPSN), au lobby nucléaire, je peux enfin libérer ma conscience et dénoncer les scandaleuses pollutions dont se rendent coupables plusieurs compagnies multinationales. Nous traiterons d'abord du cas de la fameuse société Natura and Co [NDA : il s'agit bien sûr de la Nature], mais l'on pourrait aussi parler du non moins fameux groupe World Natura Products Ltd [NDA : idem] et de bien d'autres encore.

Depuis la nuit des temps, cette société émet en France, sans discontinuer, du radon 222 à raison d'environ 7 à 10 000 atomes par mètre carré du territoire métropolitain et par seconde[1]. Or ces atomes présentent l'inconvénient majeur de séjourner quelques jours dans l'atmosphère et, surtout, de retomber sous forme d'une pluie de descendants solides fixés sur les particules atmosphériques de l'aérosol[2].

Cette pluie arrose en permanence toute la population de notre pays et alimente ainsi « un réservoir surfacique[3] » où s'accumulent les descendants à vie longue du radon, à savoir le plomb 210 (période de 19,4 ans) et son fils le polonium 210 toujours présent et rapidement à l'équilibre avec son père, étant donné sa période relativement courte (138 jours).

Ce réservoir de polluants est alimenté en permanence depuis très longtemps par le grand-père, l'uranium naturel, présent dans les 600 000 km^2 de notre sol, et il restera donc plein, quasiment pour l'éternité.

C'est pourquoi il est temps de dénoncer l'importance de cette contamination de notre pays et d'avouer que le polonium 210 présente un risque d'ingestion cinq à dix fois plus important que le redoutable plutonium 239[4]. Force est donc de constater que Natura and Co se permet de rejeter en permanence dans l'atmosphère, sans aucune précaution, des radionucléides présentant la plus haute toxicité. Ceux-ci retombent sur nos têtes comme le nuage de Tchernobyl ou les retombées des essais nucléaires militaires atmosphériques. Notre proche environnement est donc pollué par une source éternelle de polonium 210 dont la toxicité correspond pour la France à celle de plus de 13 tonnes de plutonium[5]. Rappelons ici que 5 µg de plutonium sont considérés comme suffisants pour provoquer un cancer. Le polonium 210 émis par Natura and Co représente l'équivalent de 13 000 milliards de microgrammes de plutonium, une dose suffisante pour provoquer 2 600 milliards de cancers !

Pour l'ensemble des continents de la planète, dont la surface est environ 250 fois celle de la France, c'est une source équivalant à 3 200 tonnes de plutonium qu'il faudrait mettre au compte de cette multinationale inconsciente. Il faut aussi dénoncer d'autres grands pollueurs en polonium. J'en citerai seulement deux :

– l'Association mondiale des volcans en activité (APMVA) qui rejette annuellement environ 4 tonnes d'équivalent plutonium[6] et alimente ainsi un réservoir plein d'environ 110 tonnes ;

– la secte du « Père créateur » qui a volontairement déposé dans notre croûte terrestre une source de polonium associée à celle de l'uranium, sans prendre la moindre précaution vis-à-vis des générations futures. On peut aisément calculer[7] que cette source éternelle est équivalente, du point de vue du risque d'ingestion, à 66 000 tonnes de plutonium par mètre d'épaisseur de la croûte terrestre (soit 80 tonnes par mètre pour la France continentale). Pour une épaisseur d'au moins 20 kilomètres, cela représente donc l'équivalent de 1 milliard de tonnes de plutonium !

Le risque par inhalation est tout aussi effrayant puisqu'il faut aussi prendre en considération le thorium 232, au moins aussi dangereux que le plutonium pour cette voie d'atteinte de l'homme. Nous ne le traiterons pas ici pour éviter toute panique.

Lorsque j'ai soumis les résultats de mes recherches à mes supérieurs, l'on a d'abord affiché un désintérêt marqué. Comme j'insistais, l'on m'a signifié que je ferais mieux de me concentrer sur les réserves de plutonium artificiel. L'inventaire français de plutonium comptait 65 tonnes en 1996. Dans le monde, il était de 400 tonnes en 1994, 150 pour le secteur militaire et 250 pour le secteur civil[8]. Toutefois, contrairement aux pollutions diffuses mentionnées ci-dessus, il est très concentré et reste étroitement surveillé. L'on m'a fait comprendre qu'il serait préférable pour ma carrière que je me tienne coi sur le sujet de la pollution de Natura and Co.

Spécialiste en radioprotection depuis les années 50, je suis heureux d'avoir enfin pu libérer ma conscience. Je souhaite que les nombreux intellectuels, brillants experts en tout genre, journalistes courageux, non contaminés par le lobby nucléaire, profitent de cet acte de transparence auquel je viens de me livrer. J'espère de tout cœur que les responsables de certaines organisations antinucléaires et indépendantes utiliseront toute leur puissance médiatique pour dénoncer les actes inqualifiables des grands pollueurs que je dévoile ici.

Notes

1. Paulin, « Radionucléides naturels », p. 11 in *Toxiques nucléaires*, Masson, 2e édition 1997. On y trouve une référence à la thèse de Fontant, soutenue à Toulouse en 1964.

2. Les descendants d'un atome radioactif sont les atomes qui se forment successivement, au fur et à mesure des émissions de rayonnements divers. Ainsi le thorium 230 se transforme en radium 226, qui se transforme en radon 222, qui se transforme en polonium 218, puis en plomb 214, puis en bismuth 214, en polonium 214, en plomb 210, etc.

3. Le réservoir surfacique est une entité complexe encore mal étudiée qui comprend les lieux de résidence des retombées de plomb 210 et de polonium 210 : sol superficiel, thym, vigne et autres plantes, sangliers, poissons et autres animaux, sédiments divers dans les rivières et les estuaires, etc.

4. Le facteur de dose du polonium est de $1{,}2.10^{6}$ Sv/Bq ingéré pour les adultes ($2{,}6.10^{6}$ Sv/Bq pour les jeunes de 7 à 12 ans). Celui du plutonium 239 est de $2{,}5.10^{7}$ Sv/Bq pour les adultes et $2{,}7.10^{7}$ Sv/Bq pour les jeunes. Le polonium a donc une toxicité cinq à dix fois plus grande que le plutonium, en fonction de l'âge de l'individu exposé. (*Journal officiel des communautés européennes*, annexes, 29 juin 1996).

5. Dans ce réservoir toujours plein arrivent donc environ 6.10^{16} atomes de plomb ou polonium par seconde (10 000 atomes par mètre carré et 600 000 km²). Lorsqu'on atteint l'état d'équilibre (au bout de quelques périodes du polonium 210, soit environ un siècle), il disparaît, par désintégration, autant d'atomes qu'il n'en arrive, ce qui veut dire que l'on a 6.10^{15} becquerels de plomb 210 et autant de polonium 210.

6. Paulin, *op. cit.*, p. 12.

7. Dans la croûte terrestre, il y a en moyenne environ 3 g d'uranium et 10 g de thorium par tonne. L'épaisseur de cette croûte varie entre 20 et 50 km (cf. plaquettes SFRP, *La radioactivité dans l'environnement* et *Becquerel et radioactivité d'origine naturelle*).

8. *Journal officiel des communautés européennes*, 29, juin 1996.

MENSONGE N° 5

L'industrie nucléaire est opaque

Déchets radioactifs, dysfonctionnements, incidents, inspections des installations, impacts sur l'environnement… si les acteurs du nucléaire étaient opaques, ce livre n'aurait pas pu voir le jour. Tout est annoncé, écrit, détaillé et même critiqué et autocritiqué sur Internet ou dans des revues distribuées gratuitement par le CEA, l'ASN ou l'Andra. Dire que l'industrie nucléaire est opaque relève de la mauvaise foi ou de l'aveuglement militant.

Bien sûr, les données disponibles ne sont pas très « sexy » : il ne faut pas chercher des réponses simples à des questions complexes. « Sortir du nucléaire » répond à « *Que faut-il faire des déchets nucléaires les plus dangereux ?* », par : « *Faut-il les enfouir ? Un laboratoire souterrain, potentiellement futur site d'enfouissement des déchets nucléaires, est en construction à Bure (Meuse). Tôt ou tard, les fûts de déchets nucléaires s'ouvriront à cause de la corrosion. La radioactivité trouvera son chemin par les failles géologiques, contaminera les nappes phréatiques, et reviendra à la surface de la Terre. C'est un véritable crime contre les générations futures.* » En dix secondes, voilà qui fait sensation au JT et impressionne 60 millions de téléspectateurs. Mais dans le numéro 53 de *Clefs CEA*, des scientifiques expliquent, évidemment dans un style beaucoup moins tape-à-l'œil, comment se comportera, dans les meilleures comme dans les pires des hypothèses, un colis de déchets vitrifiés :

> « [...] *Pour les déchets vitrifiés, l'évolution en système fermé ou ouvert insaturé en eau, sous l'effet de l'auto-irradiation ou de la thermique, n'induit pas de conséquences notables en termes de relâchement de radionucléides sur le long terme. Les principaux phénomènes qui peuvent affecter de façon significative le comportement à long terme se rencontrent donc uniquement en système ouvert saturé en eau.* [...] *[En premier lieu : l'interdiffusion]. L'interdiffusion consiste en un échange entre les alcalins du verre et les ions hydronium de l'eau. Elle est prépondérante aux premiers instants de l'altération mais est rapidement masquée par l'hydrolyse du réseau vitreux (en quelques heures à quelques jours). Gouverné par l'hydrolyse du réseau vitreux, le [régime de vitesse initiale] correspond à la vitesse maximale qui peut être observée. La valeur de cette vitesse ne dépend au premier ordre que de la composition du verre, du pH et de la température. Ce régime se maintient tant qu'un gel protecteur ne se forme pas.* [...] *La recondensation in*

situ de certaines espèces hydrolysées conduit à la transformation locale du verre en un matériau amorphe appelé "gel". Ce phénomène est systématiquement observé lors de l'altération des verres nucléaires. Majoritairement composé de silice, le gel forme une barrière diffusive entre le verre sain et la solution, ralentissant ainsi fortement la vitesse d'altération. L'évolution du gel au cours du temps a été étudiée en laboratoire, ce qui a permis de démontrer que dans un système confiné tel qu'un stockage, il est possible non seulement de garantir la pérennité du gel mais aussi de prédire un renforcement de son pouvoir protecteur au cours du temps. Des résultats de modélisation ont établi qu'en condition de stockage, la durée de régime de chute de vitesse est relativement courte (quelques années au plus) et que la quantité de verre altérée pendant cette période peut être négligée. [...] *Les vitesses mesurées en condition de vitesse résiduelle sont très faibles, proches des incertitudes expérimentales, de l'ordre de 6.10-6 g/m*^{2}*/j à 25 °C pour le verre R7T7, ce qui signifie qu'il faut mille ans pour altérer le verre sur une épaisseur d'un micron.* [...] *Ce régime est le régime attendu à long terme en condition de stockage.* [...] *Outre la connaissance de la cinétique d'altération du verre en fonction du temps et des conditions d'altération, la détermination du terme source verre nécessite de prendre en compte plusieurs considérations. Tout d'abord, la rétention des radionucléides dans le gel et les produits d'altération, par absorption ou précipitation, est un phénomène majeur lors de l'altération des verres nucléaires.* [...] *Ensuite, l'accessibilité de l'eau dans les fissures ou les fractures des blocs de verre joue un rôle prépondérant dans le contrôle de la vitesse d'altération.* [...] *Enfin,* *la présence de matériaux d'environnement réactifs vis-à-vis du verre joue significativement sur le régime de vitesse.* [...] *Deux modèles opérationnels [l'un très théorique et l'autre plus réaliste] ont été développés en s'appuyant sur ces résultats.* [...] *Les calculs effectués avec [le modèle le plus réaliste] conduisent à des durées de vie des colis vitrifiés R7T7 qui peuvent dépasser plusieurs centaines de milliers d'années selon les conditions d'altération. Cependant, ce modèle est également très conservatif* [...]. *La marge induite en termes de radiotoxicité potentielle a été évaluée à plus d'un ordre de grandeur. Au-delà des différents résultats expérimentaux disponibles, les études d'analogues naturels du verre (verres basaltiques ou archéologiques) ou du gel (palagonite) contribuent également à la validation des modèles sur le très long terme*[1]. »

En l'espèce, qualifier le discours antinucléaire de réducteur est un pléonasme.

Mis à part le nucléaire, quel autre secteur industriel publie sur Internet le détail d'un incident technique s'étant produit sept ans auparavant ?

Réacteurs 1 & 2 – Anomalies sur les tuyauteries des circuits d'eau brute secourue des deux réacteurs[2]

En octobre 1999 une fuite a été constatée, au cours d'une opération de maintenance, sur un soufflet à ondes métalliques du circuit d'eau brute secourue du réacteur 2.

---

1 « Déchets radioactifs – des solutions en progrès continu », *Clefs* n° 53, hiver 2005-2006, CEA, p. 55-56.

2 www.asn.fr

Le circuit d'eau brute secourue (SEC) sert, via le circuit de refroidissement intermédiaire, à assurer le refroidissement des matériels importants pour la sûreté des réacteurs. Il est constitué de deux lignes redondantes (appelées voies A et B). Les pompes de ce circuit alimentent des échangeurs thermiques avec de l'eau froide prélevée en Seine. L'eau circule dans des tuyauteries reliées entre elles par des soufflets à ondes métalliques (appelés compensateurs), dont le rôle est de compenser d'éventuels défauts d'alignement des tuyauteries entre elles ainsi que leurs déplacements relatifs en cas de séisme.
À la suite du constat de la fuite, EDF a engagé un programme de contrôle de ces matériels. Ces investigations ont montré un certain nombre d'anomalies (présence de corrosion, montages non conformes) sur les deux réacteurs. EDF a mis en œuvre les dispositions suivantes :
• changement de compensateurs sur les deux réacteurs au cours des arrêts pour rechargement de combustible ;
• surveillance accrue de ces équipements ;
• examen de conformité des circuits SEC.
À la demande de la DRIRE Champagne-Ardenne, EDF a procédé à la déclaration de cet incident le 12 septembre 2000.

> Compte tenu de la présence d'anomalies affectant les deux voies du circuit d'eau brute secourue des deux réacteurs de la centrale de Nogent-sur-Seine, cet incident est classé au **niveau 1** de l'échelle internationale des événements nucléaires (**INES**).

Mais il n'est pire sourd que celui qui ne veut pas entendre. Dans le « Questions/Réponses » de son site Internet, « Sortir du nucléaire » explique : « *Oui,* [il est] *réellement dangereux* [de vivre à côté d'une centrale nucléaire] *car, même sans incident, une centrale nucléaire rejette de la radioactivité dans l'air et dans l'eau. Or il n'existe pas de seuils en dessous desquels des irradiations seraient sans risques : la CIPR (Commission internationale de radioprotection, comprenant des experts de l'autorité de Sûreté nucléaire française) reconnaît*[3] *depuis 1990 que "toute dose de rayonnement comporte un risque cancérigène et génétique". La CIPR avoue aussi que "le choix des limites de dose implique des jugements sociaux". Cela signifie que ces seuils ont été inventés, dans le but de rassurer les riverains et les salariés. De plus, les tours de refroidissement des centrales nucléaires dégagent, jusqu'à des dizaines de kilomètres alentour, des légionelles qui peuvent être mortelles. Mais aucune étude n'est mise en œuvre pour connaître la vérité. Le rapport de l'Agence française de sécurité sanitaire de*

3 La CIPR ne peut pas « reconnaître » quelque chose qui n'a jamais été prouvé : il s'agit d'une hypothèse conservatrice qui non seulement n'a jamais été vérifiée, mais qui va à l'encontre de la réalité expérimentale… de tous les jours. Voir les différents exemples donnés tout au long du livre.

l'environnement et du travail (Afsset) publié en 2006 explique que la thèse d'EDF est "irrecevable". »

1) Deux études françaises[4] ont a) montré qu'il n'y a eu aucune recrudescence de leucémies dans un rayon de 20 km autour des centrales nucléaires entre 1990 et 2001, en considérant les données météorologiques susceptibles de transporter la radioactivité à des kilomètres à la ronde, et autres caractéristiques diverses ; et b) souligné qu'il y a eu des recrudescences de leucémies dans des endroits où il n'y a aucune installation nucléaire alentour. Le 8 décembre 2007 était publiée en Allemagne une étude[5] de l'Office fédéral de protection contre les radiations, réalisée à partir de données statistiques portant sur la période 1980-2003 dans les régions proches de 21 réacteurs ou anciens réacteurs allemands. Le responsable de l'étude y affirme que 1) le risque de cancer augmente de 60 % lorsque l'enfant habite à moins de 5 km d'une centrale, et même de 117 % si on prend en compte uniquement les leucémies, et que 2) ce ne sont pas les radiations de la centrale qui sont la cause des leucémies[6].

---

4 Voir chapitre « Le nucléaire pollue la nature ».

5 « *Krebsgefahr in der Nähe von Kernkraftwerken* », Sueddetusche Zeitung, 8 décembre 2007.

6 Pour l'auteur de l'article allemand, le « problème » de cette étude vient justement du fait qu'elle a été conduite de manière extrêmement sérieuse et rigoureuse, avec des « pour » et des « contre » le nucléaire qui plus est. Elle pose problème car personne n'est capable d'expliquer cette recrudescence. Si l'on avait pu soupçonner des biais « faciles à déceler » dans l'étude, l'affaire aurait pu être classée… position plus soutenable politiquement.

2) S'il existe des seuils, c'est parce qu'il existe un principe de précaution, qui fonctionne lui-même en vertu d'un principe d'optimisation. En quoi est-ce un principe de précaution ? Contrairement à ce que certaines associations antinucléaires veulent faire croire, si on peut prouver que la radioactivité peut être néfaste, il n'y a aucune preuve qu'elle ne serait pas « neutre[7] » ou bénéfique. Plus exactement, les innombrables faits qui vont dans ce sens sont ignorés. L'affirmation de « Sortir du nucléaire » relève donc du syllogisme.

3) Après expertise du Centre national de référence des légionelles de Lyon, il s'avère qu'aucune souche ayant provoqué des décès par légionelle autour des centrales nucléaires ne correspond à celles issues des tours aéroréfrigérantes. Il ne s'agit pas de minimiser les éventuels risques induits par ces tours. Les associations antinucléaires sont là pour tirer la sonnette d'alarme et le font très bien. C'est d'ailleurs la seule assertion vraie dans cette réponse : bien que les légionelles ne soient pas en cause dans les décès aux alentours des centrales, la procédure présentée par EDF pour se justifier sur certains points du problème a été jugée « irrecevable ». De là à dire qu'il y a danger de mort autour des centrales…

Et les rejets radioactifs ? La Hague, qui arrive en tête de peloton, procède à ce type de rejets, qui sont eux-mêmes

7 Pour souligner ce que cet adjectif a d'incongru ici, rappelons que nous baignons en permanence dans la radioactivité.

validés et/ou contre-expertisés par les pouvoirs publics. Ils sont consultables en continu sur son site Internet. On peut par exemple suivre la teneur de carbone 14 ou d'américium 241 dans les algues, mollusques et poissons, dans le lait, l'herbe ou les eaux de surface aux environs de La Hague, mois par mois. L'impact sur l'homme en 2005 des rejets radioactifs liquides et gazeux de La Hague a été de 10 microsieverts. On a vu dans le chapitre premier que l'impact sur l'homme de la radioactivité naturelle est de 2,4 sieverts en moyenne. Voilà qui relativise la sentence de « Sortir du nucléaire », toujours dans son Questions/Réponses : « *En France, il faudrait fermer l'usine de La Hague qui contamine l'environnement plus que des dizaines de centrales.* »

Mais il y a mieux que la transparence : l'autocritique. Concernant les transports de matières radioactives, par exemple, voilà ce qu'on peut lire dans le dossier *Contrôle* 174 de l'Autorité de sûreté du nucléaire : « *L'analyse, à travers les rares explications publiées, de l'approche française pour la sécurité des transports de matières nucléaires* […] *suggère un déficit d'application des recommandations de l'AIEA* […], *recommandations pourtant antérieures au 11 septembre 2001, dont certains demandent aujourd'hui la révision pour tenir compte de cette nouvelle donne. En octobre 2004, les mesures exceptionnelles déployées autour du transport de 150 kg de plutonium américain de La Hague à Cadarache ont créé un double standard : elles apparaissent en effet sans commune mesure avec les mesures mises en œuvre pour les transports de plutonium pratiqués en France sur une base hebdomadaire. Or, même la sécurité de ce transport particulier est mise en question, puisque ce camion, que les véhicules doublaient librement sur l'autoroute, a même pu être vu et approché, sans personnel à bord, stationné au milieu d'une station-service.* » Cette critique, publiée dans une des publications du « lobby nucléaire » est faite par Yves Marignac, directeur de Wise-Paris, organisme d'information antinucléaire.

Dans le numéro 168 de la revue *Contrôle* sur le site de l'ASN, le récit d'un journaliste qui voulait visiter une centrale : « [...] *En pénétrant dans le bureau des inspecteurs qui m'attendaient autour d'une grande table, j'étais épuisé. La veille au soir, dans le petit hôtel minable où j'avais réservé une chambre, j'avais parlé pendant plus de trois heures avec le chef d'équipe d'une entreprise sous-traitante d'électricité. En effet, un des réacteurs de Dampierre était à l'arrêt et en pleine révision – les fameux arrêts de tranche. Les "nomades du nucléaire", comme on les appelait alors, étaient dans la région pour plusieurs jours. Mon interlocuteur m'avait fait part des pressions dont il était l'objet de la part d'EDF pour accélérer les procédures de révisions techniques. Il me confia que dans plusieurs centrales on lui avait déjà demandé de ne pas changer certaines pièces qui auraient dû l'être. Ces manquements mettaient en danger, selon lui, la sûreté. C'était la première fois qu'il rencontrait un journaliste. Il me demanda de ne pas le citer et de faire en sorte qu'on ne puisse pas l'identifier. Il craignait de perdre son emploi. Je me contentai donc d'une citation dans mon papier qui fut par ailleurs amputé d'un tiers de son contenu en raison de l'actualité : "Les révisions se font dans des délais de plus en plus rapides. Avant, on les faisait en 6-8 semaines. Maintenant, on les fait en trois semaines, avec moitié moins d'effectifs. On prend des risques, on fait des erreurs. EDF, c'est notre meilleur client, alors on ne peut pas critiquer, et on cache des infos."* [...] »

Les pronucléaires sont les premiers à blâmer l'attitude de l'industriel. Bruno Comby, président de l'Association des écologistes pour le nucléaire : « *Cacher ou fausser la vérité (désinformation ou manque de transparence), minimiser l'importance d'un accident, nier l'existence de fuites radioactives, disperser des substances artificielles à des doses dangereuses dans l'océan ou dans la nature, en espérant que cela passera inaperçu, sont autant de mensonges impardonnables. Occulter un problème n'est jamais une solution. Il faut être réaliste et faire les choix qui s'imposent en prenant en compte toutes les données disponibles*[8]. »

La canicule de 2003 a elle aussi apporté son lot de critiques. À l'époque, un rapport a été rédigé par le « Comité national de suivi des rejets d'eau exceptionnels des centrales de production d'électricité ». Il a établi que les quelques rejets exceptionnels d'eau de certaines centrales n'avaient eu

8 *Le nucléaire, avenir de l'écologie ?*, *op. cit.*, p. 195.

aucune conséquence directe sur la faune et la flore. Cependant, ce même rapport souligne notamment deux choses : « [...] *Le Comité a ainsi révélé que les arrêtés en vigueur sur la Loire ne comportaient aucune limitation absolue des températures après mélange et que, de ce fait, pour des conditions de températures similaires à celles rencontrées sur les autres fleuves, aucune dérogation exceptionnelle ne s'est avérée nécessaire. Il est vraisemblable que les acteurs impliqués dans la rédaction des arrêtés sur la Loire n'aient pas envisagé l'hypothèse de conditions climatiques au niveau de celles observées durant l'été 2003.* » Plus bas : « *Aux questions posées localement par l'administration sur les prévisions de gestion des débits sur les centrales hydroélectriques ou à ses demandes de soutenir les débits par des lâchers d'eau, les exploitants de centrales hydroélectriques (EDF, CNR) n'ont* [...] *apporté que des réponses partielles, les informations relatives à la gestion des débits semblant relever pour EDF du "confidentiel économique".* » On notera le sarcastique emploi du terme « semblant »...

En synthèse, voici le constat qu'on peut dresser lorsqu'on étudie la littérature nucléaire :

1) La rhétorique

Le discours antinucléaire est avant tout un propos militant. Les faits sont analysés à travers le prisme d'un objectif politique – l'arrêt de l'industrie électronucléaire – et non à travers une grille de lecture scientifique et technique, dont les conclusions pourraient, elles, servir éventuellement la « cause » antinucléaire. Dès lors, les dés sont pipés.

À l'inverse, le discours pronucléaire (forums Internet, publications, interviews) est clair sur tous les points : incertitudes scientifiques, problèmes techniques, déchets, radioactivité, rejets des centrales, fautes industrielles… les faits sont clairement établis et permettent de procéder à une analyse fondée à propos de la problématique énergétique. Concernant les aspects non scientifiques, l'analyse pronucléaire se base généralement sur une mise en perspective (prise de recul, comparaisons). De par la précision de son discours, il est plus facile d'argumenter en défaveur du nucléaire à partir de la littérature pronucléaire, qu'en se basant sur la documentation antinucléaire.

2) Logique sous-jacente

« La radioactivité est forcément néfaste puisqu'il n'y a aucune preuve qu'elle ne puisse pas l'être. » C'est le postulat de base qui permet de diaboliser le moindre becquerel. Excepté, bien sûr, les becquerels issus de la médecine, puisque, eux, sont « bons ».

Le nucléaire est la seule industrie qui produit le moins et se préoccupe le plus de ses déchets. Pourtant, dans le discours antinucléaire, c'est toujours LE point faible. Pourquoi ? Parce qu'ils présentent le problème à l'envers. Ils font croire que le but des recherches est de piéger à jamais la radioactivité… ce qui est par définition impossible.

Autre pilier de la logique antinucléaire : n'offrir qu'une vision partielle des phénomènes afin d'en biaiser l'analyse. Un exemple parmi tant d'autres : « Sortir du Nucléaire » n'a de cesse de répéter que la part du nucléaire dans l'approvisionnement énergétique mondial est faible – ce qui est vrai –, donc le nucléaire ne pourrait jouer aucun rôle dans la diminution des rejets de CO_2 – ce qui est un (autre) syllogisme. En fait, ce « peu de nucléaire » évite aujourd'hui le rejet de 280 millions de tonnes de gaz carbonique, 2,5 millions de tonnes de dioxyde de soufre à l'origine des pluies acides ou 700 000 tonnes de dioxyde d'azote.

Enfin, l'argument favori pour effrayer avec le nucléaire consiste à parler de milliers de becquerels, de centaines de sieverts ou de périodes de milliards d'années. On s'étonne que le nucléaire soit « incompréhensible » ? Il suffirait pourtant d'apprendre la base de l'interprétation de ces données pour rationaliser. C'est ce qui fait dire au journaliste Yves Miserey : « *Entre le feu de paille des crises et le train-train réglementaire abscons, il ne faut pas s'étonner que la presse française grand public n'ait pas une vision globale de la problématique des rejets radioactifs et ne la donne pas non plus à ses lecteurs. Les exploitants nucléaires sont sans doute les premiers à s'en féliciter car ils estiment que l'impact des rejets radioactifs est nul et qu'il n'y a donc pas lieu de s'en inquiéter.*

Ils n'ont peur que d'une chose, c'est que des journalistes ignorants s'en saisissent, relaient une polémique et sèment l'inquiétude en écrivant n'importe quoi[9]. »

Et de souligner « l'éternel » problème du scientifique dans sa tour d'ivoire : « [...] *Parce que les industriels, les experts publics et l'administration font partie du même monde, ils se connaissent depuis longtemps et ne se rendent pas compte que des personnes extérieures à leur milieu sont en droit de savoir ce qu'ils font et comment ils procèdent.* [...] *Le système de contrôle n'ayant aucune visibilité*[10], *il n'y a rien d'étonnant à ce que l'information sur les rejets puisse encore être présentée comme la stricte comptabilité de la radioactivité rejetée dans l'environnement. Alors qu'évidemment, ce sont les calculs de dose et l'évaluation du risque sur la santé des personnes qui constituent l'assise sur laquelle repose tout le système. En effet, si on accepte que telle ou telle quantité de becquerels soit rejetée dans l'air ou dans l'eau, c'est bien parce que cela correspond à un risque acceptable pour la population, que les modèles mathématiques permettent d'évaluer.* »

Ce problème, *Global Chance*[11], le considère ainsi[12] : « *La question des déchets radioactifs, comme d'ailleurs celle du nucléaire en général, est très souvent présentée comme*

9 « Dossier : les rejets radioactifs en France », *op. cit.*, p. 107.
10 Il ne s'agit pas ici de « transparence » au sens de la publication d'informations, mais au sens de « rendre compréhensible la complexité d'un système ».
11 Association pour la protection de l'environnement.
12 « Petit mémento des déchets nucléaires », Les cahiers de *Global Chance*, septembre 2005, p. 40.

extrêmement complexe, voire incompréhensible. » L'ASN est la première à reconnaître que l'information sur le nucléaire est « complexe, voire incompréhensible ». Mais il est probable que davantage de transparence ne soit guère utile, sans l'apport préalable au public d'une culture scientifique. Culture qui pourrait être fournie par le biais d'une communication plus équilibrée de la part des organisations d'information sur le nucléaire.

C'est dans ce sens que l'ASN prône d'aller, concernant les groupes multidisciplinaires comme le GRNC : « *Quelle place pour ces groupes dans le processus de décision ? Quel financement ? Quel soutien de la part de l'organisme d'expertise publique ? Intérêt comparé d'une structure pluraliste nationale permanente ou de groupes* ad hoc *à durée déterminée ? Position d'une telle structure par rapport aux groupes permanents déjà en place auprès de l'Autorité*[13] *?* » Ce sont là de véritables questions de transparence qu'elle pose ouvertement. Les réponses doivent aider à permettre aux populations de prendre part concrètement à la politique énergétique du pays. C'est d'ailleurs l'objet de la critique d'André Guillemette de la commission scientifique de l'« Association pour le contrôle de la radioactivité dans l'Ouest » (ACRO). À l'occasion de l'enquête publique concernant la demande de modification des autorisations de rejets de mars 2007 pour la centrale de Flamanville, elle regrette que ce soit par voie

13 « Dossier : les rejets radioactifs en France », *op. cit.*, p. 116.

de presse qu'elle ait appris l'existence de cette demande : « *Nous avons découvert l'ouverture d'une enquête publique sur une demande de modification des autorisations de rejets du site EDF de Flamanville en lisant un article du quotidien local,* La Presse de la Manche, *du 21 février 2007, et non par une information de la CLI de Flamanville où nous siégeons dans le Collège des associations*[14]. »

Global Chance voit ainsi le problème : « *Le nucléaire ayant été et restant en grande partie un "domaine réservé" (en particulier mais pas seulement du fait de son utilisation à des fins militaires), il est exact que "le niveau de connaissance des Français sur ces sujets reste limité".* »[15] Et de s'étonner du peu de publications sur le nucléaire – exceptées celles en provenance du lobby nucléaire – comparé à la place qu'occupe le nucléaire dans un pays comme la France. À la nuance près que les publications « orientées » issues d'organismes antinucléaires sont au moins tout aussi distribuées que celles des promoteurs, il est tout aussi exact que les ouvrages qui proposent un point de vue équilibré et vulgarisé sont rares.

En fait, deux sphères coexistent : l'industrie nucléaire et les organisations antinucléaires. Le problème c'est que les premiers travaillent dans une certaine opacité (industrielle), pendant que les seconds ont pour principe vital de contester. Il est regrettable d'assister régulièrement à ce match entre

14 « Dossier : les rejets radioactifs en France », *op. cit.*, p. 95.
15 Cf. note 12.

industriels et écologistes, comme si ces deux termes étaient antinomiques, alors qu'ils devraient être complémentaires.

Il faut enfin mentionner le projet européen Riskgov[16] (2001-2004). Il s'agissait de cerner « *les critères de qualité pour gouverner au mieux les activités industrielles impliquant un risque pour la population ou l'environnement suite aux rejets d'effluents radioactifs ou chimiques* ». Une des « découvertes » de ce projet est le fait qu'il est « *essentiel que le processus de gouvernance offre l'opportunité aux différentes parties prenantes "d'apprendre" les positions respectives des autres acteurs et d'incorporer cette connaissance dans la présentation de leur propre position. Pour qu'un réel dialogue s'instaure, il importe de favoriser une compréhension mutuelle des différentes rationalités. Il est en effet courant que la compréhension des experts des problèmes de risques soit exprimée en termes de dimensions techniques d'évaluation et de gestion du risque alors que d'autres parties prenantes sont concernées par la dimension sociale de la situation. L'idéal est alors de rechercher une formulation en commun du problème* ». S'écouter les uns les autres et être disposé à faire évoluer sa propre opinion. En d'autres termes : une dose de bon sens serait la bienvenue.

16 Projet de la Commission européenne. Il est coordonné par le Centre d'étude sur l'évaluation de la protection dans le domaine nucléaire (CEPN).

MENSONGE N° 6

À grande échelle l'éolien ne pollue pas : il pourra produire l'énergie de base

« *Se contenter de réduire la part du nucléaire, ce serait continuer à contaminer les environs des centrales nucléaires, à produire des déchets radioactifs et à courir le risque de catastrophes. L'industrie nucléaire est inacceptable par nature. C'est à sa disparition totale qu'il faut arriver, aussi vite que possible* », estime « Sortir du nucléaire » sur son site Internet.

L'emploi d'un vocabulaire idoine, on l'a vu, n'est pas le fort du discours antinucléaire, dans un domaine où il devrait pourtant l'être particulièrement, tellement il est complexe. Mais l'affirmation ci-dessus va beaucoup plus loin que la simple approximation des faits. Après avoir énoncé les poncifs des diatribes dites écologistes, c'est l'aspect **industriel** qui est pointé du doigt : cette industrie – sous-entendu **le**

marché qu'elle représente – doit disparaître pour « nous » laisser la place. La question est : qui est ce « nous » ?

Le 5 octobre 2007, dans le quotidien suisse *Le Temps*, Jean-Pierre Bommer, secrétaire général de la Fédération romande pour l'énergie (FRE), mettait les points sur les i : « [...] *L'énergie est un monde féroce dans lequel on tue tous les jours ! déclarait il y a une dizaine d'années l'ancien ministre saoudien du Pétrole Cheikh Saki Yamani. Une fois que l'on a accepté et digéré ce fait majeur, on peut s'intéresser aux détails. Avec un peu moins d'illusions et un peu plus de réalisme.* [...]

« *L'énergie ne se contente plus de nous chauffer et de nous transporter. Elle participe à l'asservissement des esprits au politiquement correct. Il m'arrive d'évoquer le sujet dans l'Intercity, entre Lausanne et Berne. Et quand la discussion dérape vers le nucléaire, mes interlocuteurs baissent la voix ou lancent des regards inquiets autour d'eux pour s'assurer que leurs propos ne puissent tomber dans de mauvaises oreilles.*

« *L'opposition au nucléaire serait le fait de militants idéalistes et désintéressés, essentiellement préoccupés par le sort des générations futures.* [...] *Mes quelque trente années d'activité dans le domaine de l'énergie m'ont appris que la situation est un peu plus compliquée, et que le nucléaire a des opposants autrement plus redoutables. Qui sont-ils ? Il y a d'abord les énergies concurrentes. Chaque centrale nucléaire en activité représente pour elles un manque à gagner annuel de l'ordre de*

200 millions de dollars. Quand on sait que l'économie charbonnière repose aujourd'hui presque exclusivement sur la production d'électricité, on imagine bien qu'elle n'allait pas prendre acte de l'avènement de l'atome les bras croisés. Au début des années 60, quand le nucléaire civil est apparu sur la scène énergétique, les grands groupes pétroliers s'étaient naturellement concertés pour décider de ce qu'il convenait de faire. Les uns jugeaient ce domaine prometteur, estimant qu'il fallait "y aller". Les autres considéraient cette éventualité comme trop risquée. Il n'était pas avéré que le nucléaire allait s'imposer, et son développement nécessitait des moyens qu'il valait mieux investir dans la prospection de nouveaux gisements de brut. C'est la faction conservatrice qui l'emporta. Mais dès lors que l'on renonçait à s'y engager, la nouvelle source d'énergie devenait une concurrente qu'il s'agissait de mettre sur la touche. Et c'est ainsi que l'on vit apparaître sous leur flamboyant vernis écologique des ONG puissantes, riches et omniprésentes qui allaient mener la vie dure à l'atome dans tous les pays où il se développait[1]*. Entendons-nous bien. Cela n'est pas une critique de ma part. Nous vivons dans un monde de compétition, de guerre. Et en matière d'énergie, les enjeux économiques et géostratégiques sont gigantesques. Chacun défend ses positions et parts de marché sans états d'âme.* […]

---

1 « Il est de notoriété publique que le mouvement antinucléaire allemand a été financé par les fabricants de lignite de l'Union soviétique qui, dans les années 50, souhaitait rattraper dans ce domaine son retard sur les pays occidentaux. » *Les Prêcheurs de l'apocalypse, op. cit.*

« Un autre adversaire du nucléaire, tout aussi redoutable et puissant, est la mouvance écologique de type malthusienne, pour laquelle tous les maux de la société proviennent de la surpopulation. L'ennemi c'est l'homme, l'homme qui gaspille, qui pollue, qui consomme, qui détruit l'environnement et qui détraque le climat. [...] *Et le nucléaire, par la densité énergétique de son combustible*[2]*, est le type même de technologie qui cimente le développement honni. L'une des plus éminentes figures du malthusianisme écologique était le commandant Jacques-Yves Cousteau, comme en témoigne cet extrait d'interview parue dans la* Revue de l'Unesco *de novembre 1991 : "Nous voulons éliminer les souffrances ? L'idée est belle mais elle n'est pas tout à fait bénéfique sur le long terme. Il est à craindre que l'on ne compromette ainsi l'avenir de l'espèce. Il faut que la population mondiale se stabilise et, pour cela, il faudrait éliminer 350 000 personnes par jour..."* [...]

« Autres adversaires de l'atome : les partisans des nouvelles sources renouvelables. Il est aujourd'hui acquis qu'un adepte de l'énergie solaire doit par définition s'opposer au nucléaire. Autrement dit, ces deux formes d'énergie ne peuvent que se combattre l'une l'autre. Or, cet antagonisme artificiel est totalement absurde dans la mesure où le Soleil est le siège d'une réaction thermonucléaire permanente. C'est la plus grande

2 Dix grammes d'uranium (la taille d'une tête d'épingle) produisent autant d'énergie qu'une tonne de charbon.

centrale nucléaire du système solaire. Sans la force nucléaire, il n'y aurait pas de soleil, sans soleil, il n'y aurait pas de vie. »

« En matière d'énergie, les enjeux économiques et géostratégiques sont gigantesques. Chacun défend ses positions et parts de marché sans états d'âme. » Tout tient dans ce constat. Car l'**état d'âme** qui a servi et sert encore d'argument de vente au lobby de l'éolien industriel[3], est la « protection de l'environnement ». Or, s'il est louable en soi, il a été dévoyé en argument marketing le plus efficace de la décennie. L'équation – mensongère – est simple : le protocole de Kyoto demande la diminution des émissions de CO_2. Or les éoliennes, qui n'exploitent que la force du vent et produisent donc de l'énergie gratuitement et sans émission de gaz carbonique, sont la panacée. Conclusion : il faut en installer partout, ce qui nous permettra de nous passer du nucléaire. CQFD. Sauf que l'éolien industriel – et cet adjectif est primordial –, **en France**, ne diminue pas les émissions de CO_2 : il en crée, ou plus exactement en co-crée.

Deux pays nous servent de laboratoire grandeur nature : le Danemark et l'Allemagne. Vu que les études dont il sera question plus bas se basent sur ces exemples, considérons-les un instant. « Nous, partisans des énergies renouvelables, allons vous arracher vos petites dents pointues une par

3 L'éolien industriel consiste à couvrir la France d'éoliennes pour remplacer le nucléaire en tant que production d'électricité de base. L'éolien « non industriel » consiste à exploiter l'éolien de manière ciblée et en fonction des besoins (habitations isolées, habitation elle-même productrice à raccorder au réseau, pics de consommation, etc.).

une. » Cette gentillesse est extraite d'une lettre ouverte distribuée par les investisseurs de l'éolien en Allemagne à ceux qui osent s'opposer à leur business. Elle est reprise dans la trentaine de pages qu'a consacrées le mensuel allemand *Der Spiegel* à « La folie éolienne », il y a trois ans[4]. En résumé : grâce à un lobbying organisé très en amont – au niveau législatif –, les investisseurs de l'éolien ont 1) fait passer l'éolien industriel pour un produit écologique auprès des politiques ; 2) en faisant miroiter la taxe professionnelle, ils se sont appropriés les terrains qui les intéressaicnt dans les communes pauvres (car peu d'habitants, donc beaucoup d'espace) ; 3) ils ont menotté ces communes par des contrats très bien rédigés.

Tout a commencé en 1996, lorsque les députés du Parlement allemand, toutes tendances confondues, ont modifié le Code fédéral de la construction pour y ajouter deux lignes seulement. Le *Spiegel* explique : « *Cette disposition également connue sous le nom de "privilège accordé à l'énergie éolienne", accorde des prérogatives aux exploitants d'éoliennes, qui n'existent autrement que pour l'agriculture et la sylviculture ou pour l'alimentation publique en eau, gaz et électricité.* [...] *En clair, cela signifie : il vaut mieux, par*

4 L'article traduit en français est disponible sur le site www.ventdecolere.org, cliquer sur Téléchargements/L'éolien dans les pays étrangers/Dossier de « Der Spiegel ». Pour ceux qui auraient des doutes légitimes, cette fédération d'associations qui lutte contre l'éolien industriel ne peut être taxée de « pronucléaire », par opposition à l'éolien industriel, puisqu'elle lutte avant tout contre les deux premiers industriels du secteur éolien : Areva et EDF.

principe, autoriser un moulin à vent d'une hauteur de 150 mètres, qu'un kiosque sur un lieu de baignade. » Et depuis dix ans, le lobby de l'éolien industriel a fait un parcours sans faute. La loi étant à leur avantage, après une première étape au cours de laquelle ils se sont attiré les faveurs des maires en leur faisant miroiter la manne financière de la taxe professionnelle, ils se sont engouffrés dans la brèche. Sauf qu'à long terme, il n'y a plus aucun rapport entre les milliards d'euros de subventions octroyés à cette industrie, et le bénéfice écologique qui nous intéresse. Pour s'en rendre compte, trois bureaux d'études ont planché, à la demande du gouvernement allemand, sur l'évolution de la situation allemande de 2004 à l'horizon 2010, avec l'objectif de passer de 8 % à 12,5 % d'énergies renouvelables. Il en ressort que **sans** le supplément d'électricité fourni par le biais de l'avantage législatif éolien « négocié » en 1996, les émissions totales de CO_2 dues à la production de courant seraient en 2010 de 305 millions de tonnes, alors qu'**en doublant** la production avec les privilèges dont bénéficie l'éolien, on atteindrait 297 millions de tonnes. Des milliards d'euros[5]

5 « Une nouvelle loi EEG a été adoptée le 21 juillet 2004 pour augmenter l'efficacité du soutien public. Les nouveaux objectifs sont de porter la part des énergies renouvelables à 12,5 % de la production électrique nationale en 2010 et à 20 % en 2020. Mais afin de réduire progressivement le soutien à l'éolien – 2,2 milliards d'euros en 2004 –, le prix d'achat de l'électricité produite par les nouvelles installations est réduit par rapport aux dispositions de 1999 de 4 % sur les cinq premières années et de 10 % pour les quinze suivantes. » Rapport de l'Office parlementaire des choix scientifiques et technologiques, 15 mars 2006, p. 115.

pour un bénéfice écologique d'une extrême faiblesse. Les raisons ? Jusqu'à présent, l'électricité éolienne remplaçait de vieilles centrales à houille. Bilan proportionnellement positif. Mais le charbon est en train d'être remplacé par des centrales à gaz, nettement plus écologiques… ce qui fait perdre la quasi-totalité de son avantage écologique à l'éolien. Mais ce n'est pas tout : avec un tel boom de cette industrie, il faut pouvoir être capable de compenser les chutes de production lorsqu'il n'y a pas de vent. Cela implique la mise à contribution de centrales thermiques. L'Allemagne étant sortie du nucléaire, sa production d'électricité repose sur ses grandes capacités de centrales au charbon (plus de la moitié), au gaz et au fioul… qui produisent d'autant plus de CO_2. Et la situation ne pourrait qu'empirer avec l'adjonction d'autres éoliennes. Car les expériences danoise ou allemande ont montré que plus il y a d'éoliennes, plus on a besoin d'une production thermique continue (allumer/éteindre ces centrales n'est pas rentable). En clair : au plus on installe d'éoliennes, au plus on produit de CO_2.

En France, le rapport de l'Office parlementaire d'évaluation des choix scientifiques et techniques[6], qui bénéficie de l'exemple allemand, ne dit pas autre chose : « *Sur le plan de la lutte contre l'effet de serre, l'Allemagne a réussi à diminuer ses*

6 « Rapport sur les nouvelles technologies de l'énergie et la séquestration du dioxyde de carbone : aspects scientifiques et techniques », Office parlementaire d'évaluation des choix scientifiques et techniques, Assemblée nationale, le 15 mars 2006.

émissions de CO_2 de 11 % entre 1990 et 2003. En apparence, son objectif d'une diminution de 21 % en 2010 par rapport à 1990 dans le cadre du protocole de Kyoto semble donc pouvoir être atteint. En réalité, les bonnes performances du passé proviennent de la fermeture des centrales thermiques obsolètes des Länder de l'Est. Les marges de progrès sont nettement plus restreintes pour l'avenir. »

Mais pour l'Allemagne, il y a pire puisque, comme le souligne le *Spiegel*, « [...] *On ne sait absolument pas où les Allemands souhaitent prochainement s'approvisionner en énergie* ». Accroître la tendance actuelle reviendrait, pour l'approvisionnement en gaz, à « dépendre de fournisseurs de l'ancienne Union soviétique ».

Au Danemark, autre pays vanté pour son éolien industriel, le rapport parlementaire français relève : « [...] *Et la multiplication par 10 du parc danois entre 1990 et 2003 n'a été possible que parce que le royaume a pu compter sur des importations en charbon et sur des ressources nationales excédentaires en hydrocarbures tirées de la mer du Nord.* »

Du strict point de vue scientifique – diminution du CO_2 –, argument majeur de l'éolien industriel, point n'est besoin de rentrer dans des querelles de pourcentages ou de millions d'euros : due à l'intermittence de l'éolien, la production de base en électricité de l'Allemagne et du Danemark provient toujours du charbon et du gaz. L'éolien est donc bien indirectement, mais nécessairement, co-émetteur de CO_2.

On pourra bien entendu objecter que le journaliste du *Spiegel* voire le *Spiegel* lui-même sont à la botte des pronucléaires ou des antiéoliens ; que le Rapport parlementaire français a été dirigé par M. Bataille, pronucléaire ; ou que Jean-Pierre Bommer, secrétaire général de la Fédération romande pour l'énergie, a lui-même des intérêts dans l'industrie de l'atome. Bref, les arguments ci-dessus viennent tous du même bord. Voyons donc ce qui se dit dans le camp adverse… puisque le débat sur l'énergie **doit** être manichéen.

Le 22 août 2007, Jean-Michel Germa, vice-président de France Énergie Éolienne (FEE), intervenait dans l'émission *Le téléphone sonne*, sur France Inter[7]. Son discours était des plus instructifs : « *Une éolienne ne peut produire du gaz carbonique. Quand même ! Ce n'est qu'une hélice qui tourne dans du vent et qui entraîne une génératrice électrique !* » Et d'expliquer qu'avec l'éolien il n'y a ni combustion, ni uranium… donc il ne peut y avoir de dégagement de CO_2.

Après avoir énoncé des évidences, il faut souligner la mention du nucléaire comme étant sous-entendu émetteur de CO_2, alors que l'atome est la source d'énergie qui en produit le moins. Même « Sortir du nucléaire » le reconnaît.

7 À écouter sur : http://www.environnementdurable.net/documents/html/frinter220207.htm.

Amalgamer les émissions de CO_2 avec tout ce que représente dans l'inconscient collectif la simple évocation du mot « uranium » permet de réduire l'équation à : « l'éolien est la plus propre des énergies ».

Puis, M. Germa évoquait l'hypothèse que des centrales thermiques « *seraient* » nécessaires pour fournir de l'électricité lorsqu'il n'y a pas de vent. « *C'est vrai*[8] » reconnaissait-il, tout en arguant du fait que lorsqu'il y a du vent, les éoliennes fonctionnent à la place de ces mêmes centrales, « *qui auraient pollué s'il n'y avait pas eu d'éoliennes.* »

Sur son site Internet, France Énergie Éolienne cite à juste titre le bilan prévisionnel 2007 du Réseau de transport de l'électricité[9] : « [...] *malgré l'intermittence du vent, l'installation d'éoliennes réduit les besoins en équipements thermiques nécessaires pour assurer le niveau de sécurité d'approvisionnement souhaité. On peut en ce sens parler de puissance substituée par les éoliennes.* » Vrai... sauf que le début de la phrase du document original n'est pas mentionné, à savoir : « *Le second point important concerne la contribution de l'éolien au passage des* **pointes de consommation** : *malgré l'intermittence* [...] ». Autrement dit, alors que FEE cite un passage du rapport qui ne concerne qu'un moment

8 Il faut ici relever la contradiction du secteur éolien : ce défenseur de l'éolien industriel reconnaît ainsi le besoin en centrales thermiques en appoint des éoliennes... alors que Planète éolienne, le « Site de référence de l'éolien », le nie sur un document censé répondre aux idées fausses sur ce sujet : « Les réponses aux idées fausses de l'éolien », Planète éolienne, Fédération des énergies du vent, p. 13.

9 Bilan prévisionnel 2007, RTE, p. 49.

précis de la demande d'électricité (les pics de consommation), l'association, en omettant ce début de phrase, généralise l'avantage qui est ici reconnu, à toute la période de fonctionnement du parc éolien.

Mais il y a mieux. Le même rapport explique : « *L'insertion d'éoliennes apporte une certaine puissance mais engendre aussi une variabilité encore plus grande de la demande à satisfaire par les équipements thermiques ; cependant, comme la corrélation entre températures et vitesses de vent en hiver est peu marquée, les excursions de puissance à satisfaire par les équipements thermiques ne sont que modérément accrues : de manière négligeable pour un parc éolien de petite taille, mais de manière de plus en plus conséquente quand le parc éolien s'étoffe.* » On en revient donc au constat fait plus haut : que ce soit dans le cas danois ou allemand, l'éolien local peut effectivement être une solution au problème énergétique[10], mais à échelle industrielle, le bénéfice en émission de gaz carbonique diminue d'autant plus qu'on implante des machines.

L'intervention sur *France Inter* du vice-président de FEE aborde ensuite un autre point crucial : le fait que 15 %[11] de l'électricité des Allemands soient produits par l'éolien. Force est donc de constater que les émissions de CO_2 allemandes

10 C'est exactement ce que disent les pronucléaires, voir chapitre sur le nucléaire et les énergies renouvelables.

11 À titre indicatif, ce chiffre est de 4 % selon le Rapport parlementaire cité plus haut. Mais dans le cas présent, les batailles de chiffres ne mènent pas à grand-chose.

ont diminué et qu'aucune centrale thermique n'a dû être construite. De plus, les Allemands produisent moins de CO_2 avec leurs éoliennes que s'ils n'en avaient pas, « *tout simplement parce qu'ils avaient déjà des centrales thermiques dont ils essayent de se défaire.* »

Rien n'est plus vrai : l'Allemagne produit son électricité en majorité avec des énergies fossiles. Donc en installant des éoliennes, le taux de CO_2 a pu diminuer. Les pronucléaires ne disent rien d'autre quand ils constatent : « *Pour ce qui concerne les grandes éoliennes industrielles fabriquant de l'électricité (hautes chacune comme deux fois Notre-Dame de Paris) : uniquement dans les pays qui produisent leur électricité avec du charbon et du gaz. Ces éoliennes sont donc justifiées en Allemagne, au Danemark, en Chine ou en Pologne, mais pas en France où il s'agira d'une dépense très coûteuse, aussi dévastatrice pour les paysages qu'inutile pour le climat. Le grand programme électro-éolien sur lequel la France est engagée est une grave erreur pour notre pays, aura un impact visuel majeur sur nos paysages et sur notre économie, ne présente aucun intérêt écologique et va accaparer (si les objectifs prévus sont réalisés) plusieurs dizaines de milliards d'euros de ressources qui seraient mieux employés (la moitié suffirait) pour développer les réacteurs nucléaires du futur, domaine d'excellence de notre pays*[12]. »

---

12 Site de l'Association des écologistes pour le nucléaire, www.ecolo.org

Quant aux centrales thermiques, les Allemands n'en ont effectivement pas eu à construire… puisqu'ils en ont déjà assez. Par contre, la France produisant l'essentiel de son électricité par le nucléaire quasi non émetteur de CO_2, une politique d'éolien industriel implique à l'inverse la construction de centrales thermiques, donc l'émission de plus de CO_2. C'est le cœur du problème. Or, on l'a vu, le marketing de l'éolien industriel repose sur l'argument de la « protection de l'environnement », via la diminution des émissions de CO_2.

Pour éclairer de manière brutale cet aspect fondamental de la question, citons les propos de la présidente d'Areva, commentés par « Vent de colère » sur son site Internet[13] : « *La présidente du directoire du conglomérat nucléaire Areva, Anne Lauvergeon dans une interview donnée à la revue* Défense *n° 117 (sept.-oct. 2005) de l'IHEDN s'exprime ainsi :* "[…] L'hydraulique et le nucléaire sont des énergies qui fonctionnent en base, c'est-à-dire par tous les temps. L'éolien et le solaire sont des énergies d'appoint. Elles ne produisent que quand il y a du vent et du soleil. Elles nécessitent donc la mise en place de *back-up*[14]. Le pays qui a le plus développé l'éolien est le Danemark avec 13 % d'éolien dans son mixte énergétique. Il y a ainsi 13 % des centrales au fioul qui

13 www.ventdecolere.org, Téléchargements, Documents de référence de VDC, L'éolien et les gaz à effet de serre, p. 2.
14 Énergie d'appoint.

démarrent quand l'éolien ne marche pas. Ce n'est pas une façon efficace d'éviter la pollution de l'atmosphère [...]." *Rappelons qu'Areva* [...] *a pris en 2005 21,5 % du constructeur allemand Repower. Areva fait* [donc] *de l'éolien même en sachant que cela accroît les émissions de* [gaz à effet de serre], *par pur marketing "écologique" (saluons au passage cette admirable leçon de réalisme).* »

C'est exactement ce que disait le député Jean-Yves Le Déaut sur Europe 1 le 26 octobre 2007[15]. Ce député expliquait que s'il installe effectivement des éoliennes dans sa région Lorraine, il constate qu'il reçoit en même temps un très grand nombre de demandes d'autorisations d'installation de centrales à gaz. Et de conclure : « *Donc en même temps que j'ai de l'éolien, effectivement, j'ai des énergies qui polluent.* » Polluer par marketing écologique, il fallait y penser.

Et « Vent de colère » d'ajouter : « *On lira avec profit le rapport annuel d'E.ON Netz qui décrit (sans que cela lui pose de problèmes) les résultats pour le moins inquiétants de l'éolien industriel allemand. Il faut savoir qu'E.ON Netz représente un peu moins de la moitié de l'éolien industriel allemand.* » « *En 2004, deux études allemandes majeures ont étudié le taux de contribution qu'apporte l'éolien à la capacité garantie. Les deux études sont arrivées séparément à des conclusions*

15 À écouter sur : http://www.environnementdurable.net/documents/html/europe1-26-10-07.htm

virtuellement identiques : actuellement, l'énergie éolienne contribue à la capacité de production sécurisée du système en fournissant 8 % de la capacité installée. Plus la capacité de l'éolien augmente et celui-ci ayant (par rapport aux centrales traditionnelles) une disponibilité moindre, plus le système total (éolien + traditionnel) a une fiabilité qui diminue. En conséquence, la fiabilité amenée par les centrales traditionnelles s'efface progressivement. Le résultat est que la contribution de l'éolien à une capacité garantie de notre système d'alimentation électrique va diminuer constamment jusqu'en 2020 pour atteindre 4 % environ [...]. *En termes concrets, cela signifie qu'en 2020 avec une capacité éolienne prévue de plus de 48 000 MW (source : étude dena*[2] *du réseau), on ne pourra remplacer que 2 000 MW de centrales traditionnelles par cet éolien.* »

L'extrait des « principales conclusions d'une étude récente (décembre 2004), menée par RTE[16] », que relève à juste titre Planète éolienne, donne encore un autre éclairage[17] : « *On retiendra de ce rapide tour d'Europe que l'intégration massive d'éoliennes dans un système électrique dépend surtout des conditions naturelles : qualité du gisement de vent, possibilités de foisonnement, ressource hydroélectrique. À ce titre, la situation française est bien mieux adaptée à l'éolien qu'en Allemagne ou au Danemark.* » C'est exact

16 Gestionnaire du Réseau de transport d'électricité.
17 http://www.planete-eolienne.fr/production.html

pour le cas français, notamment de par sa façade atlantique et son pourtour méditerranéen. Mais à nouveau, la France ne produisant pas de CO_2 grâce à ses centrales nucléaires, la question devient : la France doit-elle implanter des éoliennes sur toutes ses côtes, pour produire une électricité qu'elle vendra aux pays de l'Est, et ainsi faire diminuer la moyenne des émissions de CO_2 **au niveau européen** ? Pourquoi pas. Mais voilà de quoi animer sérieusement les débats, de par le nombre exponentiel de questions que ce raisonnement est susceptible de soulever…

Enfin, le promoteur français de l'éolien industriel termine son intervention sur France Inter, en abordant – seulement en fin d'émission – le fond du problème de l'approvisionnement énergétique : le mix entre les différentes sources d'énergie. Il explique que, ces dernières décennies, certains pays ont développé le nucléaire, d'autres les énergies renouvelables. Intérêt du nucléaire ? Intérêt des renouvelables ? « *[…] Cette question-là* […] *est en permanence pendante.* » Quel aveu ! En prenant le soin, comme il se doit, d'opposer deux types de production d'énergie qui sont en fait complémentaires – « énergie renouvelable » et « énergie nucléaire » –, le tout sur fond de problématique historique, le promoteur de l'éolien industriel affirme implicitement (« cette question-là qui est en permanence pendante ») 1) que le nucléaire, contrairement à l'éolien industriel, n'émet effectivement pas de gaz à effet de serre et

2) que c'est bien là tout le problème de l'industrie éolienne en France…

Dans son rapport, le député Bataille dénonce très diplomatiquement l'arnaque que représente l'argument écologiste de l'éolien industriel : « *Le chiffre d'affaires des constructeurs allemands s'est élevé à 4,7 milliards d'euros, dont 38 % à l'export, tandis que le nombre d'emplois générés est décrit comme "important" par le ministère de l'Environnement. Dans ces conditions, le soutien à l'éolien possède plusieurs dimensions, dont une dimension industrielle et sociale primordiale, qui n'a pas grand-chose à voir avec l'efficacité énergétique.* » En clair : si l'éolien permet à une industrie de se développer et de créer des emplois, c'est une chose. Mais il faut qu'elle l'assume, et cesser de prendre le prétexte écologique.

MENSONGE N° 7

Les déchets nucléaires sont les déchets industriels les plus dangereux

« *Le problème des déchets nucléaires a été créé en toute connaissance de cause quand, il y a près de cinquante ans, on a choisi de développer l'industrie nucléaire malgré les déchets dangereux qu'elle génère* », nous rappelle à juste titre « Sortir du nucléaire ». Aujourd'hui, on ne déplore aucun décès imputable à la gestion de ces déchets. Quant aux résidus consécutifs aux cinquante années d'exploitation des mines d'uranium françaises, ils émettent seulement 1 % de la pollution radioactive recensée sur le territoire[1]. Si ce bilan peut être établi, c'est qu'un constat de base a effectivement

1 Les activités d'extraction et de traitement du minerai d'uranium ont produit environ 50 millions de tonnes de résidus miniers très faiblement actifs. Vu ce qu'ils représentent en terme de « pollution radioactive », ils sont simplement stockés sur place selon une réglementation précise et ne sont pas considérés comme « déchets radioactifs ». C'est ce qui fait dire à certaines associations antinucléaires que les autorités « s'arrangent comme elles veulent avec cet inventaire des déchets ».

prévalu il y a un demi-siècle : le nucléaire est potentiellement dangereux et nécessite une gestion scrupuleuse.

Aucune étude scientifique ou progrès technologique ne pourront jamais éliminer l'angoisse ressentie par la population vis-à-vis des déchets radioactifs. La **gestion** de cette peur relève en fait de la sphère médiatique. Qu'on en juge. La réglementation est la même pour tout site pollué, quelle que soit la substance toxique concernée. Or, la première difficulté rencontrée lorsqu'il s'agit de pollution radioactive est… le contact avec les médias. Les coûts inhérents aux opérations de gestion des déchets arrivent seulement en troisième position : « *Par principe, la réglementation générale en matière de sites pollués s'applique aux sites pollués par la radioactivité,* [et] *la réglementation est la même quel que soit le type de polluants (notamment, au niveau des lois et décrets). En outre, les pollutions radioactives représentent un très faible pourcentage des sites pollués recensés aujourd'hui. Cependant, certaines spécificités de ce type de pollution ont fait apparaître la nécessité de précisions particulières et d'un financement spécifique : grande sensibilité médiatique notamment en matière d'appréhension du risque par le public ; existence de la radioactivité naturelle en "bruit de fond" ; coûts de traitement potentiellement extrêmement élevés, dus notamment aux conditions d'intervention et aux coûts de gestion des déchets produits, qui n'ont pas toujours de solution d'élimination ; problème du* *financement de service public en cas de défaillance d'autres financements*[2]. »

Cette appréhension de la radioactivité par le public est crûment éclairée dans un rapport du CNRS, intitulé « Les Français et les déchets nucléaires[3] » : « *Les idées régnantes sur ce que sont* [les chercheurs], *et sur ce qui les motive, compte tenu de la place qu'ils occupent dans la société, entrent alors en jeu. Ils sont supposés vouloir rassurer, au mieux pour des raisons respectables (éviter les paniques) et au pire pour de mauvaises raisons (protéger les intérêts d'un lobby nucléaire), mais ne sont de toute façon pas crus.* »

Le nucléaire et la radioactivité pâtissent d'une communication systématiquement sujette à caution et de chercheurs qui ne sont pas crédibles. Pour comprendre cette situation, un retour en arrière dans l'histoire des sciences[4] s'impose. Le nucléaire effraye pour des raisons que de nombreuses études ont explicitées au travers de mythes, symboles et imaginaire collectif. Il a donc été tentant d'opposer la rationalité scientifique et technique, à l'irrationalité des individus. Dans ce contexte s'est développée une stratégie de communication visant à rapprocher les risques « objectifs et subjectifs ».

2 Dossier 161 de *Contrôle*, ASN, consultable en ligne, p. 41.
3 Philippe d'Iribarne, « Les Français et les déchets nucléaires », CNRS, 2005, p. 79.
4 Yannick Barthe, *Le Pouvoir d'indécision – La mise en politique des déchets nucléaires*, Economica, coll. Études politiques, 2006.

L'idée qui prévaut dans les années 50-60 est que le nucléaire sera accepté par le public le jour où on maîtrisera le devenir des déchets. Aujourd'hui, il paraît plus probable que ce soit la réelle « *complexité intrinsèque* [du nucléaire] *qui rend*[e] *difficile toute objectivation du risque*[5] ». Il y a une cinquantaine d'années, l'effet domino – maîtrise du problème, donc acceptation par la population – ne s'est jamais produit. La question se pose alors de savoir si **l'individu** est définitivement imperméable aux explications scientifiques. Au cours des années 60, les spécialistes en sciences sociales tentent de comprendre cet « individu », afin de pouvoir lui fournir une information adaptée. L'**acceptation par le public** devient alors un problème en soi, déconnecté des progrès techniques, censés le rassurer en l'informant. Se développe ainsi une vulgarisation scientifique pléthorique… qui aboutira à l'effet inverse : non seulement les notions de probabilités ne sont pas comprises, mais à force de montrer les précautions prises pour éviter risques et accidents, la population en arrive en fait à penser qu'elle est réellement en danger.

Dans les années 70, c'est la naissance du mouvement antinucléaire. La société est en pleine transformation. Les premiers sondages sur le nucléaire sont publiés et concourent eux-mêmes à fabriquer une **opinion publique** sur ce sujet. Se transformant en véritable mouvement social,

5 « Dossier : les rejets radioactifs en France », *op. cit.*, p. 106.

l'analyse des croyances individuelles laisse place à une gestion des opinions, elles-mêmes fabriquées par des **leaders d'opinion** : « *À l'être psychologique en proie à des fantasmes irrationnels, s'ajoute un être social capable d'arbitrer entre différentes positions.* »[6] En clair la population ne se fait pas un avis en étudiant les sciences et techniques du nucléaire, elle va en fait adopter une position en fonction d'un « *marché des opinions.* » Le message des « leaders d'opinions » est donc le suivant : « *Vous voulez l'assentiment du public ? Contrôlez d'abord l'offre* [d'informations] *et vous obtiendrez la maîtise de la demande.* »[7] Les deux grands acteurs de ce jeu sont le mouvement antinucléaire et les médias.

L'amplification de la couverture médiatique va correspondre à un basculement de l'opinion, notamment à l'époque du premier accident dans une centrale : Three Mile Island. En fait, si cet accident a bien été maîtrisé, la communication a, elle, été très mal gérée. Pourquoi ? Parce que dès le début, l'information a été freinée, il ne fallait pas « *faire de vagues* ». Résultat : les journalistes ont « brodé » dans le sens d'un « *film de terreur-fiction* ».

Enfin, avec Tchernobyl, la donne médiatique prend un tournant décisif. On adopte la stratégie de l'information continue, avec l'intégration de journalistes et communi-

6 *Ibid.*, p. 80.
7 *Ibid.*, p. 81.

cants au sein du Conseil supérieur de la sûreté et de l'information nucléaire.

Ainsi, la science a laissé place aux médias, étape qui a précédé la politisation du nucléaire : le moratoire de 1990 va mener à la loi Bataille, initiant des travaux de recherche sur la gestion des déchets nucléaires. Le nucléaire a donc été imposé sans aucune concertation et les décisions techniques de gestion des déchets nucléaires ont été prises sans aucune explication. L'introduction de la gestion des déchets nucléaires dans l'arène politique s'est imposée comme la dernière tentative pour obtenir l'acceptation du public. Les déchets nucléaires ont donc été « mis en politique » « *parce qu'il n'y avait justement plus rien à décider*.[8]

Nous voilà donc passés, en une vingtaine d'années, de la sphère exclusivement scientifique et technique à la sphère politique, en passant par celle des médias. Objectif : légitimer, par une décision politique, le développement de l'énergie nucléaire qui fut imposé quarante ans plus tôt. Avec un tel fardeau politique et idéologique, on comprend mieux la levée de boucliers à la simple évocation de **l'industrie nucléaire**. Ce passif est systématiquement sous-jacent dans la rhétorique antinucléaire. Quand cette grille de lecture devient caricaturale, les chercheurs ou les administrations du nucléaire le soulignent de manière assez corrosive[9].

8 *Ibid.*, p. 95.
9 Cf. la réponse de l'Andra à l'IEER dans le chapitre sur la gestion des déchets nucléaires.

Dans ce contexte, comment évaluer **objectivement** le danger que représentent les déchets nucléaires ? Il reste un moyen : la comparaison avec d'autres déchets industriels.

On peut lire dans un article des Mines de 1961 intitulé « Les déchets radioactifs[10] » : « *Toutes les activités industrielles sont génératrices de danger pour l'homme et celui que peuvent entraîner les déchets radioactifs n'est pas plus considérable que celui des installations classiques rejetant des résidus chimiques. Bien au contraire, les études dont bénéficie l'énergie atomique permettent de traiter beaucoup plus à fond le problème de ces déchets qu'on ne le fait pour les sources classiques d'énergie ou pour les industries de transformation et de production.* » Plus de quarante années plus tard, la problématique peut faire l'objet du même commentaire.

Michel Lung, feu membre de l'Association des écologistes pour le nucléaire : « *La différence de traitement dans la gestion des déchets est flagrante. C'est un peu comme si on mesurait les déchets chimiques au centimètre et les déchets nucléaires au micron près. Le citoyen dans nos pays industrialisés produit en moyenne 100 kg de déchets industriels chimiques stables par an. En France, la quantité de déchets nucléaires* ***à vie longue*** *équivaut à environ 1 gramme par habitant et par an, soit 100 000 fois moins. Sur ce gramme, les produits véritablement dangereux et à vie longue, inclus dans*

10 Francis Duhamel, « Les déchets radioactifs », Annales des Mines, 1961.

du verre pour les rendre plus insolubles, notamment plutonium et américium, ne représentent qu'une petite fraction. »

Cent kilos de déchets toxiques stables par habitant et par an, contre un gramme de déchets nucléaires à vie longue. Rapportés au même étalon de mesure, voilà qui permet de relativiser la question lourde de sous-entendus posée par « Sortir du nucléaire » dans son pdf intitulé « Déchets nucléaires : le casse-tête » : « *L'industrie nucléaire utilise souvent l'image que l'ensemble des déchets nucléaires ne représenterait que 1,2 kg par an et par habitant. Rassurant, non ?* [...] [Mais] *même en se basant sur ce chiffre, faites un rapide calcul : cette boîte de 1,2 kg à multiplier par le nombre de Français, le tout à multiplier par les 35 ans de production des centrales.* [...] *Combien de millions de tonnes ?* » Fin 2004, la totalité des déchets nucléaires issus de la production d'électricité française représentait 646 014 m^3[11]... sachant que les déchets ne représentent que 15 % de ce volume : le reste constitue l'enrobage, le « contenant ». À l'inverse, la Société française d'énergie nucléaire souligne que « *les déchets "spéciaux" sont en poids environ 100 fois celui des déchets nucléaires à vie longue vitrifiés ou compactés* ». Sans même parler des prévisions de production de déchets que l'industrie nucléaire a d'ores et déjà faites pour l'horizon 2010 ou

11 « Inventaire national des déchets radioactifs », Andra, coll. Les Rapports, 2006, p. 41. Les déchets nucléaires, toutes provenances confondues (électronucléaire, recherche, défense, industries non nucléaires et médicales), représentent 1 033 000 m^3.

2020, l'industrie pétrolière ou chimique est-elle en mesure de publier de telles données ?

« *Vous réduisez toujours le problème des déchets au volume* », critique Frédéric Marillier, responsable nucléaire de Greenpeace[12]. « *Ce n'est effectivement pas un problème de volume*[13], *c'est un problème de danger. Et on ne mesure certainement pas le danger des déchets nucléaires notamment en terme de volume.* » Effectivement, la quantité est une chose, le danger en est une autre. Pour le relativiser, Patrick Moore, cofondateur de Greenpeace[14], fait le constat suivant : « *Au bout de quarante ans, le combustible usé contient moins d'un millième de la radioactivité qu'il avait lorsqu'il a été retiré du réacteur. Et il est incorrect de qualifier ce combustible de "déchet", parce que 95 % de son potentiel énergétique reste contenu dans le combustible usé après le premier cycle*[15]. » Comme en écho à l'article de 1961 cité ci-dessus, on peut également citer Greenpeace à propos des produits chimiques :

---

12 Débat entre Bruno Comby, président de l'Association des écologistes pour le nucléaire, et Frédéric Marillier, responsable nucléaire de Greenpeace, le 1er juin 2007 sur Euronews, dans le cadre du magazine européen AGORA. Sur Youtube à l'adresse : http://www.youtube.com/watch?v=NkytBNqumcc

13 « *C'est déjà bien de le dire !* », a trouvé bon de souligner Bruno Comby. Effectivement, cette affirmation du responsable nucléaire de Greenpeace est en opposition avec le discours antinucléaire classique qui tend à insinuer que nous croulons sous les déchets.

14 Après avoir cofondé Greenpeace, Patrick Moore quitte l'organisation au milieu des années 80 : il ne cautionnait plus ni les méthodes ni l'évolution de l'organisation. Aujourd'hui, il est un ardent défenseur du nucléaire. Pour en savoir plus, aller sur http://www.ecolo.org/board/boardfr.htm. En bas de la page, dans sa biographie, un lien mène à sa préface édifiante du livre *Le nucléaire, avenir de l'écologie ? op. cit.*

15 Patrick Moore, « *Going nuclear* », *Washington Post*, 16 avril 2006, p. B01.

Extrait du site de Greenpeace :

« 100 000 substances chimiques sont commercialisées en Europe. Or pour 99 % d'entre elles, nous n'avons aucune idée de leurs effets sur la santé et l'environnement. Certaines molécules, reconnues comme particulièrement dangereuses, sont même utilisées couramment comme ingrédients de nos produits de consommation.

« Depuis cinquante ans, l'industrie chimique s'est développée à l'aveuglette, tandis que la réglementation légalisait l'ignorance et l'irresponsabilité. Résultat : on retrouve aujourd'hui des substances chimiques industrielles dans l'écosystème le plus reculé, dans l'organisme de nombreuses espèces animales… Jusqu'au corps humain, si bien qu'aujourd'hui les enfants naissent pollués ! Les scientifiques soupçonnent cette pollution invisible de participer à la croissance de nombreuses maladies chroniques telles que certains cancers ou les troubles de la reproduction. »

Michel Lung : « *Dans les déchets industriels toxiques, on peut trouver des cyanures, des composés organiques cancérigènes benzéniques, anthracéniques, des sous-produits d'activités biologiques, etc. Cette grande variété fait qu'il est difficile aujourd'hui de séparer ces toxiques de la biosphère, comme on le fait pour les déchets nucléaires. Inversement, les déchets industriels chimiques sont relativement mal conditionnés et leur relative grande quantité fait qu'on ne les suit pas toujours à la trace. Leurs dépôts sont dangereux (émanations, risques d'incendie, infiltrations dans la nappe phréatique). Ces divers types de déchets industriels toxiques sont baptisés en France "déchets spéciaux". Il est aisé de mesurer un becquerel de plutonium avec un compteur du commerce* [...], *mais il est moins aisé de mesurer un nanogramme d'arsenic ou de mercure.* »

Soulignons au passage que la chimie se dirige aujourd'hui vers une certaine réglementation avec REACH : enRegistrement, Évaluation, Autorisation des substances CHimiques. Il ne s'agit rien moins que de retirer de la consommation les molécules CRM : cancérigènes, mutagènes et reprotoxiques – toxiques pour la reproduction. Contrairement aux rejets des installations nucléaires qui font l'objet de traitements spécifiques, réglementations, contrôles et publications, ces molécules sont présentes depuis des années dans une pléthore de produits de consommation courante, sans avoir été analysées sous toutes leurs coutures comme dans le nucléaire. Une fois utilisées, c'est dans notre assiette qu'on les retrouve, après un parcours dans la chaîne alimentaire. Mais la complexité et les volumes rendent le problème autrement plus difficile à gérer que pour l'industrie nucléaire. M. Lung : « *Il faudra des décennies pour maîtriser la question. Comment ? Avec des normes plus drastiques, une plus grande ségrégation, des moyens de mesure et de détection sophistiqués et des traitements s'apparentant à ceux en usage dans le nucléaire... Mais même alors, outre ces problèmes de volume et de grande variété, les obstacles à surmonter pour l'industrie chimique seront colossaux... pour des raisons socio-écono-*

miques : concurrence, obsolescence des installations, routine, relations avec les autorités devant le risque de déstabiliser des industries et créer du chômage, etc. »

Au final, les faits sont têtus : contrairement à tous les autres types de déchets industriels, les déchets nucléaires sont 1) en très faible quantité ; 2) séparés de la biosphère ; 3) considérés depuis le début comme potentiellement dangereux, ce qui implique tout un luxe de précautions.

MENSONGE N° 8

Une centrale peut exploser comme une bombe atomique

« *En tout premier lieu, il faut savoir qu'un accident, même d'ultime gravité, sur un réacteur ne peut pas conduire à une explosion nucléaire*[1] »... même si on le voulait.

Deux éléments fondamentaux empêchent structurellement une centrale de se transformer en bombe atomique :

1) Il n'y a pas le bon combustible

Dans une bombe A, on utilise de l'uranium 235 ou du plutonium 239, quasiment purs, pour en extraire le plus d'énergie possible en très peu de temps. Dans une centrale, l'uranium est enrichi à seulement 4 %. Fondamentalement, la matière première n'est pas réunie pour faire « exploser »

1 Paul Bonche (sous la direction de), *Le nucléaire expliqué par des physiciens*, EDP Sciences, 2005, p. 119.

une centrale comme une bombe. Ensuite, l'uranium à usage militaire (enrichi à 95 %) ne peut pas être obtenu dans une centrale civile : 97 % du combustible d'une centrale civile est constitué d'uranium 238 qui ne participe pas aux réactions en chaîne. Même les opérations nécessaires à la séparation/extraction de plutonium et d'uranium de qualité militaire ne sont pas réalisables dans une centrale nucléaire.

2) Impossibilité structurelle

En raison du taux actuel d'enrichissement de l'uranium 235 et du coefficient de vide négatif[2] qui en résulte, les problèmes les plus graves – vaporisation de l'eau, fusion du combustible – sont antiréactifs et ne conduiront jamais à une explosion. Contrairement à Tchernobyl où le coefficient de vide était positif, ce qui peut mener à un emballement du réacteur. Dans le cas le plus grave concernant le parc français, le cœur (combustible) du réacteur peut fondre.

C'est ce qui est arrivé à Three Mile Island. Et dans ce cas, ça a été en fait une réussite, comme le souligne Patrick Moore dans un article du *Washington Post*[3] : « *Ce que personne n'a remarqué à l'époque, c'est que Three Mile Island a en fait été une réussite : la structure en béton a réagi exactement comme*

2 Le coefficient de vide négatif exprime la réaction d'un réacteur nucléaire en cas de diminution de la densité du caloporteur.

3 Patrick Moore, « *A green makes the case* », *Washington Post*, 16 avril 2006, p. B01.

cela était prévu : elle a empêché les radiations de s'échapper dans l'environnement. Et bien que le réacteur ait été mis hors d'usage, il n'y a eu aucun blessé parmi les travailleurs du nucléaire ou dans les habitations voisines. [...] »

En fait, l'objectif est que les événements les plus graves soient les moins probables et, à l'inverse, que les plus fréquents soient les moins graves. C'est ce qu'on appelle l'analyse déterministe de sûreté et « *elle ne suppose qu'un seul initiateur par accident : une brèche dans le circuit primaire, une coupure de l'électricité qui alimente les pompes, etc.*[4] »

À deux reprises il est arrivé que plusieurs « initiateurs » se conjuguent : Three Mile Island en 1979 et à Tchernobyl en 1986. Voici les principales leçons qui en ont été tirées.

3) La logique de la sûreté pour que « ça » n'arrive pas

Tout d'abord, le parc électronucléaire français, contrairement aux États-Unis par exemple, est homogène : tous les réacteurs sont du même type. Bien entendu, on peut considérer que c'est un inconvénient : un défaut dans une centrale existe forcément sur toutes. Mais c'est également un avantage puisque toute défaillance dans une centrale est recherchée sur toutes celles du parc ; et si des travaux sont nécessaires, ils sont réalisés de manière préventive.

4 *Le nucléaire expliqué par des physiciens*, *op. cit.*, p. 121.

Franchissement des marges de sécurité, événement provoquant un automatisme de sécurité, événement trop fréquent par rapport aux prévisions, événement avec violations de consignes, etc., les incidents les plus significatifs sont au nombre de 400 par an, soit 7 par centrale en moyenne. Ils sont analysés pour mettre au jour ceux qui pourraient éventuellement déclencher, dans un contexte inhabituel, une situation dangereuse. De ces analyses, on retient en moyenne une vingtaine de cas pouvant aboutir, après étude, à des travaux d'amélioration. « [Par exemple], *après avoir effectué des travaux localement, EDF a étudié globalement les problèmes posés par les hivers rigoureux et un grand programme de reconditionnement de toutes les centrales à des températures extérieures de – 15 °C a été réalisé sur plusieurs années*[5]. »

Au final, il est probable que les plus grands risques à courir lors d'un incident ou accident de centrale soient d'ordre économique, car les conséquences médiatiques et psychologiques pourraient être sans commune mesure avec la réalité des dégâts ou des risques. Les dégâts socio-économiques d'un accident de centrale, même objectivement mineurs, peuvent être majeurs, sans qu'il n'y ait aucune victime physique.

Et Tchernobyl… ? L'accident de référence des antinucléaires, leur épouvantail préféré est tout sauf un exemple de

5 *Ibid.*

ce qui a le plus de chances d'arriver chez nous. Un Tchernobyl est-il possible en France ? Non, car ce qui s'est produit en 1986 en Ukraine n'était pas avant tout un accident nucléaire. Henri Lehn, ancien conseiller du président de l'Académie des sciences d'Ukraine, a fait partie en novembre 1990 à Kiev du premier congrès « Tchernobyl Aid » qui regroupait les « liquidateurs » : « *Je n'y ai pas rencontré les représentants de la Criirad ni de Greenpeace, explique-t-il : ce n'était pas encore très médiatisé, la "pression" écolo ne faisait que monter à cette époque. J'étais le seul Occidental présent ! Il y était distribué un "pin's" représentant un arbre à trois branches en forme de fourche. Mais qui a ce "pin's" fondateur parmi nos bons écolos de la première heure ? Je vais essayer d'apporter quelques compléments peu ou pas publiés sur Tchernobyl. Je crois que je peux le faire car j'ai été conseiller de l'académicien Baryakhtar, président de l'Académie des sciences d'Ukraine dans le début des années 90.*

« *À l'origine on se trouve face à un type de réacteur qui fabrique de l'électricité, mais aussi du "bon" plutonium pour faire de "bonnes" bombes, donc double objectif, mais avec une priorité toute militaire comme il se devait en URSS.*

« *Un jour, un type du ministère de la Défense soviétique demande à faire un essai de "défense passive". Le but de l'essai est de s'assurer que l'on peut redémarrer la centrale très rapidement suite à une coupure de la connexion au réseau électrique et à une disjonction du système de contrôle de la centrale. En fait, ce double “accident” ne peut se produire raisonnablement que lors d’une impulsion électromagnétique nucléaire, c’est-à-dire une explosion nucléaire à haute altitude, un plasma qui s’expanse rapidement dans le champ magnétique terrestre et l’induction du courant créé dans le plasma expansif fait claquer toutes les sécurités de surintensité dans les réseaux électriques et de télécoms.*

« L’idée de base de l’essai est de tester si l’énergie restante dans le groupe turboalternateur tournant sur sa lancée est récupérable pour relancer les pompes d’alimentation du réacteur et repartir illico presto. *En fait ce que le type du ministère de la Défense soviétique ne savait pas, c’est que lorsqu’il y a une disjonction du réseau, pour que le réacteur n’emballe pas le turboalternateur en survitesse, la vapeur est envoyée directement au condenseur, la turbine est by-passée. Mais là, il peut se produire de gros ennuis, car le condenseur qui fonctionne habituellement dans un vide partiel reçoit de la vapeur vive vers 60 bars. Le condenseur n’aime pas du tout cela, il y a des ouïes de sécurité qui claquent, et il faudra deux jours pour remettre tout cela en place. Souvenez-vous lors du plantage du réseau français en décembre 1977, certaines centrales nucléaires ont mis près de deux jours avant de pouvoir être couplées à nouveau sur le réseau. Une centrale nucléaire ce n’est pas une mobylette ! Donc les opérateurs de Tchernobyl, qui sont peut-être compétents, mais qui de toute façon doivent faire l’essai prescrit (sinon un peu de goulag modernisé !) sont bien ennuyés.*

« S'ils font l'essai de coupure électrique totale à pleine puissance, ils savent qu'ils n'ont aucune chance de réussite, il leur faudrait deux jours pour "repartir", or ils savent que le groupe turboalternateur peut tourner environ quatre heures en conservant une énergie potentiellement récupérable. Il est donc hors de question de faire l'essai à pleine puissance (qui est le régime de fonctionnement normal de la centrale).

« Alors, suivant le mode "soviétique", ils vont "tricher". C'est-à-dire qu'ils vont vouloir réduire la puissance de la centrale pour avoir une chance de faire réussir leur essai et de montrer une fois de plus que l'URSS est un grand pays apte à se défendre contre un ennemi qui lui aurait envoyé une arme nucléaire.

« Il leur fallait donc réduire la puissance, tout en évitant de trop la baisser et mettre ainsi la centrale "hors service". Alors tricher pour tricher, ils ont bidouillé n'importe quoi, mais je ne rentre pas dans les détails : cela a été explicité longuement. Par six fois, ils sont passés derrière les armoires de commande pour court-circuiter les sécurités, etc. Et la fin de l'affaire est bien connue. Ce qu'il y a de surprenant, c'est que le directeur de la centrale a été condamné à de la prison, mais le quidam qui a envoyé l'ordre d'essai, bien blotti au sein du ministère de la Défense de l'URSS, personne n'en a jamais parlé, protégé par le "secret défense".

« Définitivement, cette affaire de l'explosion de Tchernobyl est une affaire issue directement de la bêtise du système

soviétique bien avant d'être une affaire nucléaire. Les discussions qui peuvent avoir lieu sur les accidents nucléaires civils sont superfétatoires, en prenant Tchernobyl comme référence : c'était un essai complètement militaire. L'accident maximal possible, pouvant survenir à "nos centrales", s'est déjà produit à Three Mile Island, et aujourd'hui le bâtiment réacteur se visite comme un musée. »

MENSONGE N° 9

Les pronucléaires sont contre les énergies renouvelables et les économies d'énergie

Pour le discours antinucléaire, ce mensonge est capital. Il permet de diaboliser un secteur en lui prêtant des intentions d'exclusivité en matière d'approvisionnement énergétique. Sans le nucléaire, les énergies renouvelables se seraient développées depuis bien longtemps, et on n'aurait pas hérité des déchets nucléaires : l'industrie nucléaire est l'industrie à abattre.

Pour y voir plus clair, voyons tout d'abord ce que proposent les uns et les autres, de manière schématique :

Les antinucléaires : Ils veulent se passer d'une production de base nucléaire, pour ne compter à terme que sur les énergies renouvelables et sur les économies d'énergie, avec une transition – aussi courte que possible – basée sur les énergies fossiles.

Les pronucléaires : Contrairement à ce qu'on veut nous faire croire, ils prônent également les économies d'énergie, partout où cela est possible, ainsi que l'intégration des énergies renouvelables dans le **mix énergétique**. Mais selon eux, compter seulement sur ce paradigme pour l'approvisionnement énergétique au niveau mondial 1) ne suffira pas ; 2) ne permettra pas de réduire les émissions de CO_2 ; et 3) sera nuisible aux pays en voie d'industrialisation : le recours (pour la transition énergétique des pays riches) aux énergies fossiles fera grimper leur prix, obstacle supplémentaire à l'accès à l'énergie technologiquement la plus simple pour les pays pauvres[1]. Leur scénario maintient donc le nucléaire comme approvisionnement énergétique de base.

« *Nous pouvons conclure que si le recours aux énergies renouvelables n'est pas la panacée, n'en déplaise à certains, il représente pourtant un enjeu majeur pour l'avenir énergétique du monde*[2]. » Contrairement à ce que les antinucléaires veulent faire croire, les pronucléaires ne prétendent pas faire reposer l'approvisionnement énergétique du monde sur la seule énergie nucléaire. Francis Sorin, de la Société française d'énergie nucléaire ne dit pas autre chose lorsqu'il dénonce les intentions qu'on prête à ce secteur : « *Le nucléaire est inefficace contre le réchauffement climatique, dit-on [...], car pour qu'il écarte cette menace il faudrait multiplier par 5 ou*

1 Il s'agit ici du milliard et demi d'individus qui n'ont pas accès à l'électricité.
2 Benjamin Dessus, *Énergie : un défi planétaire*, Belin, 1999, p. 57.

10 le nombre des réacteurs, ce qui est impossible. Cet argument du tout ou rien, qui consiste à assigner au nucléaire un objectif irréaliste pour mieux lui reprocher ensuite de ne pouvoir l'atteindre, est biaisé. Personne n'a jamais prétendu que le nucléaire pouvait à lui seul conjurer le péril. Il n'est qu'un moyen, aux côtés de plusieurs autres (économies d'énergie, énergies renouvelables), pour atteindre le but recherché. (Notons que ce même type d'argument pourrait tout aussi bien être utilisé pour disqualifier – à tort – les énergies renouvelables qui n'ont pas, elles non plus, la capacité de résoudre à elles seules le problème)[3]. »

En fait, le raisonnement de ceux qui prônent l'atome repose sur deux faits : 1) toutes les estimations montrent que la population mondiale passera dans les prochaines décennies de 6 à 8-10 milliards d'êtres humains ; 2) aujourd'hui, un Européen et un Japonais moyens consomment 4 tep (tonnes équivalent pétrole d'énergies diverses) par an. L'Américain, deux fois plus. Donc, si nous réussissons à réduire massivement notre consommation d'énergie (disons 2 tep pour tout le monde), le monde aura à l'avenir besoin d'environ 20 milliards de tep (10 milliards d'individus x 2 tep). Or, en 2005, le monde consommait déjà 10 milliards de tep. On aura donc beau économiser toute l'énergie qu'on voudra[4],

3 http://www.sfen.org/fr/themes/grenelle.pdf, p. 2.

4 Et il serait bon de commencer par les plus flagrantes : « Le gaspillage d'énergie et les fuites de gaz naturel sont gigantesques en Russie. Cela représenterait plus d'énergie que toute la production d'électricité nucléaire de l'ex-URSS. » Rapport Syrota sur les « Perspectives

au final, le monde aura besoin de plus d'énergies demain qu'aujourd'hui.

Par ailleurs, sur le principe, opposer entre eux des moyens de production d'énergie n'a guère de sens : tout dépend de l'utilisation qui en est faite. L'idée est tout aussi saugrenue que d'opposer les moyens de locomotion entre eux. S'ils peuvent être améliorés ou transformés, ils ont tous leur raison d'être. Les énergies solaires peuvent par exemple servir à produire de l'électricité loin des réseaux électriques, pour le chauffage de piscines dans les régions ensoleillées, l'alimentation en électricité de pompes à eau dans les pays en voie de développement, etc. Mais tout cela reste marginal par rapport à la consommation énergétique mondiale globale. Pour le président de l'AEPN : « *Une bonne idée serait d'inventer et d'utiliser des "tuiles solaires" : revêtues d'un matériau adéquat, ces tuiles remplaceraient nos tuiles actuelles tout en leur ressemblant et mettraient ainsi à profit les toitures des maisons pour produire une part non négligeable de l'énergie domestique*[5]. »

Ce constat effectué – besoin croissant d'énergie malgré un hypothétique « 2 tep/terrien » –, il s'agit de déterminer nos besoins énergétiques futurs… ce qui implique ni plus ni moins de définir dès aujourd'hui le monde à bâtir pour

énergétiques de la France à l'horizon 2020-2050 », Centre d'analyse stratégique, 25 septembre 2007, disponible sur http://www.strategie.gouv.fr/article.php3?id_article=675, p. 150.

5 *Le nucléaire, avenir de l'écologie ?*, *op. cit.*, p. 50.

2050, 2100 et plus. C'est en fait le cœur du problème de l'approvisionnement énergétique : **pourquoi** produire de l'énergie ? Il soulève des dizaines de questions fondamentales – contrôle de la démographie mondiale, orientation des voies de progrès scientifiques et technologiques, organisation politique des territoires… – qui devraient faire l'objet de débats dépassionnés, avant même d'aborder la question du **comment** produire les énergies nécessaires, débat lui-même trop passionné. Car les choses se compliquent très vite : qui est ce « on » qui doit décider ? Un pays ? Un groupe de pays ? Un gouvernement supranational ? Sur quelles bases : politiques, scientifiques, économiques ? Comment vivre à 8-10 milliards sur Terre ? S'il est évident – c'est une réalité physique indépassable – qu'on ne peut continuer de « consommer le monde » comme on le fait aujourd'hui[6], utiliser moins d'énergie implique d'inventer et de produire des biens qui permettent de vivre de manière moins énergétivore… processus qui nécessite de l'énergie : combien ? Une fois produits, des millions d'individus se les procureront… réduisant forcément (à néant ?) les économies d'énergie réalisées, du simple fait de la croissance démographique. À nouveau, débattre de « **comment** produire de l'énergie », en ayant pour **objectif** la réduction de la production d'énergies, et cela avant même d'avoir prédéfini – jusqu'où ? sur quelles bases ? – le type de société que l'on veut bâtir et sans

6 Les ressources physiques de la planète sont limitées.

en hypothéquer son devenir, semble être un raisonnement à court terme. Par exemple :

Économies grâce à	Gains potentiellement absorbés par
Moteurs hybrides Nouveaux carburants Réduction du déplacement individuel Covoiturage Etc.	Poids des équipements pour la sécurité et le confort Enfants qui font leurs études loin des parents Mariages lointains Dispersion de l'habitat pour trouver du travail Flexibilité dans les horaires de travail Etc.

Figure 1 www.sfen.org/Dossiers GR21/Perspectives énergétiques pour 2050 en France (pdf), novembre 2004.

Sur ce sujet des transports, on peut à nouveau citer le responsable des questions nucléaires chez Greenpeace, qui insiste[7] sur le fait que le nucléaire n'a pas rendu la France moins dépendante énergétiquement, car le plus gros poste de dépenses reste le transport qui fonctionne à l'énergie fossile. Voilà à nouveau un problème mis à tort à la charge

7 Débat entre Bruno Comby, président de l'Association des écologistes pour le nucléaire, et Frédéric Marillier, responsable nucléaire de Greenpeace, le 1er juin 2007 sur Euronews, dans le cadre du magazine européen AGORA. Sur Youtube à l'adresse : http://www.youtube.com/watch?v=NkytBNqumcc

du nucléaire, puisqu'il relève de la sphère politique. En effet, les pronucléaires ne demandent qu'une chose : que soient développés les trains, tramways, métros, et que soient également électrifiés les modes de transport qui aujourd'hui fonctionnent en brûlant du fossile. Dire que le nucléaire ne rend pas la France moins dépendante vis-à-vis du pétrole, c'est simplement constater qu'il n'y a effectivement pas de volonté politique qui aille dans ce sens. Même constat de la part de Jeffrey Immelt, directeur général de General Electric, l'un des premiers fabricants mondiaux de turbines pour centrales nucléaires[8] : « *Passer massivement des énergies fossiles à l'électricité nucléaire ne sera possible aux États-Unis que grâce à de fortes incitations financières.* »

Pourquoi produire de l'énergie ? Voici une formulation très concrète du problème : « *Il* [paraît raisonnable à l'homme de la rue] *de pouvoir faire un voyage lointain par an (même si, pour beaucoup, cela restera un rêve inaccessible...), mais pas raisonnable que d'autres utilisent l'avion comme mode de transport pour des week-ends en bord de mer (chaude si possible...) ou à la montagne, pour voir une exposition ou écouter un concert... Et pourtant de telles habitudes se sont développées parmi nous, au point que nous ne sachions plus distinguer le raisonnable de l'exceptionnel ou*

8 « General Electric : pas d'essor du nucléaire sans taxer le CO_2, pour le patron du groupe », Boursier.com, 19 novembre 2007.

du déraisonnable[9]. » En clair, s'il est nécessaire de repenser notre mode de vie de A à Z, ce processus nécessite l'exact contraire de ce qui a lieu aujourd'hui : des débats enflammés et des effets d'annonce. Prenons un exemple :

Le 22 octobre 2007, l'AFP publiait une dépêche intitulée « Vent, soleil, eau et biomasse pour atteindre 100 % d'énergie renouvelable » relatant l'expérience allemande suivante. Dardesheim, **ville d'un millier d'habitants** à l'est du pays, dans la région du Hartz, fonctionne exclusivement grâce aux énergies renouvelables, « *grâce à un système reliant et régulant des centrales d'énergie solaire, éolienne, hydraulique et à base de biomasse.* » Certes, des outils sophistiqués permettent de gérer l'énergie intelligemment, en attendant par exemple « *que le vent se lève pour lancer une machine à laver* » ; l'excédent d'énergie rapporte aux caisses publiques ; quand le vent retombe, des centrales à gaz et l'énergie hydraulique prennent le relais.

Mais, malgré les apparences, voilà peut-être l'antithèse d'une stratégie de long terme pour l'intégration des énergies renouvelables. Le propos n'est évidemment pas de discréditer ces différentes sources d'énergie. Reste que les éoliennes sont dans cet exemple non seulement « au cœur du dispositif énergétique de la **ville** », mais qu'il est question de passer de 20 000 à 60 000 unités et d'étendre le modèle à

---

9 Bertrand Barré, Pierre-René Bauquis, *Comprendre l'avenir – L'énergie nucléaire*, Hirle, p. 176.

« **l'ensemble de l'Allemagne** ». Or, la décennie précédente a montré[10] qu'en Allemagne ou au Danemark l'éolien industriel n'a en rien favorisé la baisse des émissions de CO_2, bien au contraire. On est donc loin de pouvoir déclarer que « tout fonctionne à l'énergie propre ». Ensuite, si on peut se permettre d'« attendre que le vent se lève pour lancer une machine à laver », la mise en route d'appareils dans un hôpital ne peut dépendre d'un courant d'air. Quid également de la présence d'installations de Défense, d'usines, de métros, de tramways, de pépinières d'entreprises... ? L'enjeu est de prendre en compte le long terme pour ne pas hypothéquer d'éventuels développements futurs, tout en considérant le bilan énergétique global. Ce dernier point fait d'ailleurs souvent l'objet de raisonnements simplistes. Les ampoules « basse consommation » en sont un exemple. Elles sont cinq à dix fois plus chères que les ampoules à incandescence, mais consomment moins et durent plus longtemps. Cependant, ce n'est que le gain en fonctionnement qui est présenté. Si on réalise un bilan complet, qui inclut l'énergie nécessaire à leur fabrication et à leur plus grande difficulté d'élimination ultérieure, elles deviennent moins intéressantes du point de vue énergétique qu'en prenant en compte la simple comparaison des consommations. C'est pourtant une

10 Voir chapitre sur l'éolien.

solution prônée par le rapport Syrota sur les « Perspectives énergétiques de la France à l'horizon 2020-2050[11] ».

Le magazine *L'Observateur de l'OCDE* formule ainsi cette problématique : « [...] *Les technologies des énergies renouvelables sont prometteuses, mais, comme nous l'avions dit à propos des "start-up" Internet en 2001, il faut se garder de l'euphorie. La dernière bulle Internet s'est achevée dans les larmes. Avec le réchauffement climatique*[12]*, il est de l'intérêt de tous qu'une nouvelle économie fondée sur les énergies renouvelables s'implante fermement et de manière stable*[13]. » Exploiter à bon escient, **en fonction des spécificités locales**, chaque source d'énergie : le quotidien *Le Figaro*[14] donnait, début 2008, un exemple allemand de cette « économie durable du renouvelable ». Après avoir décrit les vertus d'une centrale de biogaz près de la frontière germano-polonaise, l'article se termine ainsi : « *Et en France ? Pourquoi ne pas installer des usines de ce type* ***dans les régions d'élevage***[15] *qui croulent sous leur lisier ?* [...] »

On peut par ailleurs légitimement se poser la question de savoir si le nucléaire empêcherait un tel développement

11 « Perspectives énergétiques de la France à l'horizon 2020-2050 », *op. cit.*, p. 150.

12 Il est regrettable que tous les efforts relatifs à la rationalisation de la production/consommation d'énergie soient mis à la charge du réchauffement climatique. Le fait que les habitants des pays industrialisés consomment trop et/ou mal devrait être en soi une raison suffisante pour repenser notre mode de vie.

13 « Promesses renouvelables », *L'Observateur de l'OCDE*, mars 2007, http://www.observateurocde.org/news/fullstory.php/aid/1741/Promesses_renouvelables.html

14 « Des céréales et du purin pour s'éclairer durablement », *Le Figaro*, 7 janvier 2008.

15 C'est l'auteur qui souligne.

des énergies renouvelables, en raison du financement que requièrent par exemple la gestion des déchets radioactifs ou la recherche et le développement des réacteurs de nouvelle génération. La réponse est clairement non. Pour s'en convaincre, un seul graphique.

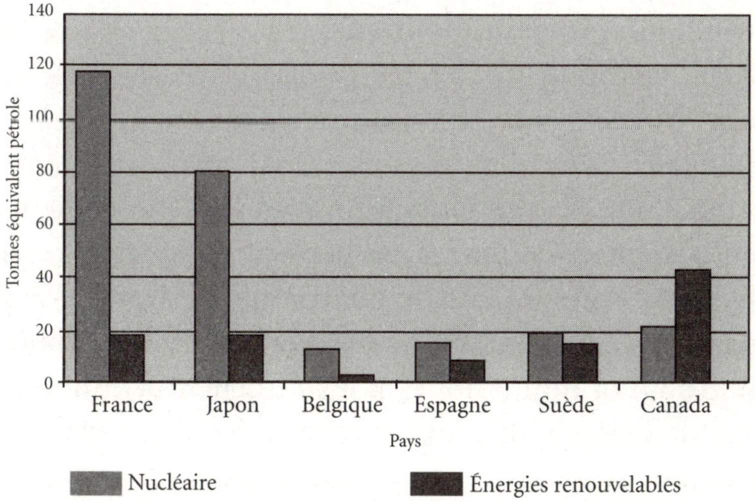

Figure 2*[16] *– Production comparée d'énergie nucléaire et d'énergies renouvelables dans six pays industrialisés de l'OCDE

France, Japon ou Belgique : rapport largement en faveur du nucléaire.

Espagne : les énergies renouvelables sont nettement plus présentes dans le mix énergétique.

16 « L'OCDE en chiffres – Production mondiale d'énergie 2005 », 2007, http://www.titania.sourceocde.org/vl=14329066/cl=30/nw=1/rpsv/figures_2007/fr/page11.htm#nb2

Suède : proche du 50/50.

Canada : les énergies renouvelables dépassent largement la production électronucléaire, malgré une part non négligeable de l'atome (10 %) dans la production intérieure.

Le nucléaire n'est donc aucunement un obstacle en soi au développement des énergies renouvelables. Il s'agit à nouveau d'un problème politique.

Reste le problème des ressources : avec les réacteurs actuels, les réserves en uranium ne dépasseront pas le siècle. Que faire ? Pour les pronucléaires, après l'avènement, à titre transitoire, de réacteurs EPR dont la technologie n'est pas en rupture avec ceux actuellement en service, ce sera l'arrivée de réacteurs dits de quatrième génération. Fonctionnant sur le principe de neutrons rapides, ils pourraient utiliser tout l'uranium dont on les alimenterait et non plus seulement 1 %, comme à l'heure actuelle. C'est également le choix des Japonais, qui refusent d'envisager le stockage définitif de combustible usé[17]. Ces réacteurs produiraient moins de déchets que ceux actuellement en service et les consommeraient même en partie. Mais dans ce domaine, c'est le conditionnel qui est de mise. Conditionnel lié à une volonté politique de financer ce type de recherche. Là encore, la balle n'est plus dans le camp des chercheurs…

17 « La situation du nucléaire au Japon », Service nucléaire, ambassade de France au Japon, juillet 2006. http://www.industrie.gouv.fr/energie/nucleair/textes/se_nuc_japon.htm

Quant au principal argument antinucléaire d'ordre écologiste en terme d'échelle – développement du nucléaire au niveau mondial –, il consiste à dire que « *le nucléaire, c'est seulement 2 %*[18] *de la production énergétique mondiale. Donc, ça n'a aucun impact sur les rejets de* CO_2 ». Mais cette idée perd tout son poids, si on considère les milliards de tonnes de CO_2 évitées, justement grâce à « ces deux petits pour cent ».

À cet argument, il y a bien sûr un **oui, mais**. En effet, les antinucléaires répondent que c'est remplacer un risque (le CO_2) par un autre bien plus important : la prolifération et le terrorisme nucléaire. Ainsi, commentant un rapport allant dans ce sens, Jürgen Trittin, ancien ministre allemand de l'Environnement et de la Sécurité nucléaire affirmait en mars 2007 : « *L'une des pires idées, largement répandue dans le débat international, est l'appel en faveur d'un développement de l'énergie nucléaire comme moyen de préservation du climat. Cette recommandation est un exemple parfait de lutte contre un risque par le biais d'un risque encore plus élevé. Les risques liés à la prolifération et au terrorisme nucléaire aussi bien par des États que par des acteurs non étatiques sont tout simplement incontrôlables*[19]. »

---

18 Selon les sources, ce taux peut atteindre les 6 %. « Sortir du nucléaire » parle de 2 %.

19 « *En coulisse, les plus réalistes ne parlent plus de "non-prolifération", mais de "prolifération étroitement contrôlée"* », source : « Le rapport secret de l'AIEA sur les trafics de composants nucléaires », mars 2003, disponible en ligne sur www.geopolitique.com

Certains pronucléaires offrent une perspective pragmatique, en soulignant qu'une bombe atomique n'est envisageable qu'en temps de guerre totale. Contrairement à Hiroshima, il n'y a plus aujourd'hui de monopole de détention de la bombe. Quiconque aurait des velléités d'utiliser la sienne s'exposerait automatiquement à une riposte. Si la bombe sur le Japon a stoppé net la guerre, sans risque d'escalade nucléaire, c'est parce que seuls les États-Unis la possédaient, ce qui n'est plus le cas. En d'autres termes, trop de pays ont aujourd'hui la bombe atomique pour l'utiliser : l'arme atomique est, pour eux, devenue une arme de paix.

D'autre part, les pays qui ont le nucléaire civil – en majorité les pays riches – ont tout d'abord eu la bombe atomique : le rapport de cause à effet se trouve donc inversé. Les pays qui font régulièrement la une de l'actualité pour cause d'instabilité politique, comme le Pakistan, ou Israël, ont déjà la bombe atomique. C'est également le cas de l'Inde et de la Chine, poids lourds démographiques et aux prétentions géopolitiques non négligeables. Autrement dit, ce n'est pas parce que les pays industrialisés renonceront au nucléaire civil que le monde deviendra moins dangereux pour autant. Pour être cynique, ce constat n'est pas moins réaliste. Une chose est sûre : le développement de l'énergie nucléaire civile ne peut se faire que dans une société stable. On rejoint alors le point précédent : si les pays riches et stables politiquement continuent dans la voie de la production d'électricité par le nucléaire civil (dans les transports notamment), cela fera baisser les tensions sur les cours du pétrole, ce qui profitera aux pays en développement industriel.

Bien sûr, ce raisonnement ne vaut pas pour les « acteurs non étatiques » dont il est question ci-dessus. Dans ce cas, les promoteurs de l'atome sont les premiers à demander que tous les efforts soient faits pour contrôler la prolifération. Certains estiment cependant qu'on ne renonce pas à utiliser un outil sous prétexte qu'il puisse être utilisé à mauvais escient. Et de prendre comme exemple la machette, qui est certes un outil des agriculteurs d'Afrique, mais qui a également été utilisé pour tuer l'équivalent de quatre fois les morts d'Hiroshima et Nagasaki réunis.

C'est cependant oublier, comme le souligne Didier Crépin, ancien de la Direction des programmes du CEA pour le suivi et l'orientation des questions de sécurité nucléaire, que « *la différence essentielle entre l'usage d'une arme nucléaire et les milliers ou millions de morts quasi annuels par armes "classiques", réside dans le fait que l'arme nucléaire détruit une cité entière, avec ses musées, archives, monuments, son industrie et fait table rase de l'Histoire. Les armes classiques, elles, détruisent des hommes et très peu de matériel, et rarement ce qui fait l'Histoire (monuments, archives), avec des destructions partielles et des reconstitutions possibles. De surcroît, les victimes des armes classiques sont dispersées et il reste des membres de la famille pour poursuivre la mémoire et assurer l'héritage. La désorganisation qui résulte de la perte des archives (titres de propriété, plans, cadastres, ordinateurs bancaires, etc.) est sans commune mesure avec la disparition d'individus dispersés. Par ailleurs, il y a l'aspect "instantané" qui produit un choc gigantesque sur le reste du pays touché* ».

D'autres le formulent ainsi : « *En manifestant contre le nucléaire en Occident, les écologistes ont raison d'exprimer leur méfiance par rapport à une technologie qui peut être dangereuse si elle est mal utilisée, mais ils se trompent de territoire géographique. La logique serait que les associations antinucléaires se renforcent là où le nucléaire est dangereux (les pays de l'Est) et qu'on trouve davantage d'associations pronucléaires là où il est le mieux maîtrisé et plus sûr. C'est face au nucléaire de l'absurde destiné à tuer (usages militaires), au nucléaire sans sécurité ou presque des pays de l'Est et au nucléaire-poubelle qu'il faut rester vigilant et contre lequel il me paraît tout à fait juste de manifester publiquement son désaccord* [20]. »

---

20 *Le nucléaire, avenir de l'écologie ?*, *op. cit.*, p. 46.

MENSONGE N° 10

Tous les écologistes sont contre le nucléaire

Début décembre 2007, une étude publiée par le gouvernement allemand montrait que les enfants de moins de cinq ans résidant à proximité d'une centrale nucléaire couraient un risque statistique nettement plus élevé de souffrir d'un cancer. Mais les autorités allemandes précisaient toutefois que la hausse observée des cas de maladies ne pouvait pas s'expliquer par l'exposition aux radiations d'un réacteur nucléaire, qui sont bien trop faibles pour induire des cancers.

Mais l'occasion était trop belle pour *Sortir du nucléaire* qui s'est empressé de sortir un communiqué de presse le 13 décembre :

Leucémies autour des centrales nucléaires : Le réseau « Sortir du nucléaire » demande de toute urgence une étude scientifique équivalente à celle menée en Allemagne

Un courrier est envoyé à MM. Sarkozy (Président) et Borloo (Écologie) et Mme Bachelot (Santé) – Voir ci-dessous.

Le réseau « Sortir du nucléaire » a écrit aujourd'hui au président de la République, au ministre de l'Écologie et à celui de la Santé, pour leur demander que soit mise en œuvre de toute urgence une étude scientifique équivalente à celle qui, en Allemagne, vient de montrer que les enfants qui résident non loin d'une centrale nucléaire courent un risque statistique nettement plus élevé de souffrir d'un cancer ou d'une leucémie.

Cette étude a été réalisée par l'Université de Mayence sur demande de l'Office fédéral de protection contre les radiations, à partir de données statistiques portant sur la période 1980-2003 dans les régions proches de 21 réacteurs ou anciens réacteurs allemands. Elle montre que le risque de cancer augmente de 60 % lorsque l'enfant habite à moins de 5 km d'une centrale, et de 117 % si on prend en compte uniquement les leucémies. L'étude montre aussi que l'excès de cancers et leucémies est détectable jusqu'à 50 km autour des installations nucléaires.

Un des aspects les plus **immoraux** du nucléaire est qu'il est quasiment impossible d'apporter la preuve directe qu'un cancer est causé par les rejets d'une installation ou d'une centrale : les tumeurs ne portent pas la « signature » de l'industrie nucléaire. Mais des études statistiques sérieuses sont susceptibles de faire apparaître la triste réalité.

Une telle étude, généralisée à l'ensemble du territoire, n'a jamais été menée en France [...].

Ce qui paraît **immoral** à Stéphane Lhomme, porte-parole de cette organisation, n'est autre qu'un phénomène tout à fait naturel : le surcroît de radioactivité due au site de La Hague, site nucléaire qui « émet » le plus de radioactivité par rapport à tous les sites nucléaires français réunis, est mille fois plus faible que l'irradiation naturelle et médicale. Par ailleurs, il est peu probable que M. Lhomme n'ait jamais entendu parler des deux études qui ont été effectuées en France sur le sujet des leucémies, ainsi que d'une en Angleterre à propos de Sellafield. Études qui ont abouti aux mêmes conclusions, dans le même contexte et sans mettre en cause la radioactivité... tout comme le souligne le responsable de la présente étude allemande.

En fait, quiconque creuse un peu le sujet se rend compte qu'une hypothèse, pour iconoclaste qu'elle soit, est évoquée dans le milieu nucléaire. Qu'est-ce qu'une centrale nucléaire si ce n'est au préalable… un grand chantier qui dure quelques années ? Et que se passe-t-il sur de tels chantiers ? Un gigantesque brassage de populations avec **importation** de quelques milliers de « célibataires géographiques » comme disent les militaires. L'organisation « Sauvons le climat » explique : « *C'est ainsi que pour comprendre l'excès de leucémies autour de Sellafield, des épidémiologistes anglais ont étudié l'impact du brassage des populations sur la fréquence des leucémies. Cette étude, très détaillée, a concerné le comté de Cambria à l'exception du canton de Seascale. Une corrélation très forte entre le taux de leucémies infantiles et le brassage de populations apparut : les taux de leucémies des cantons à fort brassage pouvaient être dix fois plus élevés que les taux moyens*[1]*. En appliquant cette corrélation au canton de Seascale, ils purent rendre compte de la plus grande partie des excès de leucémies.* » Bien sûr, d'autres facteurs peuvent être en cause. Mais il est clair que toute explication des excès de leucémies auprès des sites sur lesquels il y a eu de grands chantiers devrait tenir compte de cet effet de brassage. Reste qu'en l'occurrence, on peut s'étonner qu'une énième étude ait été réalisée sur le rapport leucémies/centrales nucléaires

---

1 H.O. Dickinson et L. Parker, « *Quantifying the effect of population mixing on childhood leukaemia risk: the Seascale cluster* », *British Journal of Cancer* (1999), p. 144-151.

en particulier, et non sur le rapport leucémies/grands chantiers en général. Les mauvaises langues pourraient soupçonner ici un désir politique d'« incriminer » la radioactivité des centrales nucléaires… dont on sait par avance qu'elle est plus faible que la radioactivité naturelle.

Il est tentant, en épidémiologie, de faire « parler » les études. Didier Crépin, ingénieur Supélec, a participé à la mise en place de la mission Protection et Sûreté nucléaire au CEA : « *Il y a quelques décennies, des spécialistes d'enquêtes "statistiques" épidémiologiques avaient constaté que les décès par cancer du poumon augmentaient en ville de manière exponentielle. Ils en avaient déduit que c'était dû à la pollution des voitures. En fait, en affinant, il est apparu que le phénomène était purement comptable : les hôpitaux sont en ville, et les malades étaient originaires de la campagne, mais venaient en phase finale se faire soigner et mourir en ville, à l'hôpital. Leur cancer du poumon était dû au tabac et aux pesticides qu'ils avaient simultanément inhalés sans précaution dans leurs champs, mais pas aux autos des villes. Autre exemple : à Salouël, petit village qui jouxte Amiens, est implanté un grand hôpital régional (Hôpital Sud). Il y meurt chaque année trois fois la population du village (0,5 % de la population d'Amiens). L'espérance de vie à Salouël, si l'on consulte les registres d'état civil de la mairie, n'excède donc pas quatre mois. Cela n'effraie pas pour autant la population locale, qui ignore cela et qui ne fait pas ses choix en fonction des statistiques de décès enregistrés à la mairie.* »

Pour en revenir aux leucémies, et dans un tel contexte politico-épidémiologique, on admettra volontiers que titrer sur le lien entre la croissance du taux de leucémies et la proximité d'une centrale nucléaire, tout en admettant au sein même de l'article qu'il n'y a pas de lien **de cause à effet** entre les deux, est un procédé pour le moins douteux. C'est en tout cas un indice supplémentaire, s'il en manquait, qui montre que le nucléaire est un enjeu politico-industriel avant d'être un enjeu scientifique et technique.

C'est à l'aune de ce constat qu'on appréciera la question de Paul Watson, cofondateur de Greenpeace[2]. « *Comment pouvons-nous lui faire confiance ?* » demande-t-il à propos de Patrick Moore, autre cofondateur de cette organisation… mais qui n'est aujourd'hui plus antinucléaire. Sa question se rapporte au fait que cet « Eco-Judas » ou « Eco-putain[3] » a eu l'audace de… changer d'avis. Lorsqu'il a fondé Greenpeace, organisation dont il a ensuite été le directeur international pendant sept ans, il déclarait haut et fort que les centrales nucléaires étaient des bombes atomiques, que les déchets nucléaires étaient ingérables et assurait que développer le nucléaire était un crime contre les

2 Paul Watson, « *The strange transformation of Gr. Patrick Moore* », www.scoop.co.nz, 27 avril 2006.

3 « Instead of being called Eco-Judas, we now should call him Eco-whore. »

générations futures. Aujourd'hui, il écrit ce genre de choses : « *Je pense que la majorité des activistes écologiques, y compris ceux de Greenpeace, ont été tellement aveuglés par leur extrémisme qu'ils ne réussissent pas à prendre en compte les avantages énormes et évidents de l'énergie nucléaire pour faire face aux besoins croissants du monde et les satisfaire. Ces avantages dépassent de loin tous les risques. Il y a maintenant une grande quantité de données scientifiques qui démontrent que l'énergie nucléaire bien conçue est un bon choix pour l'environnement et la sûreté*[4]. »

Comment diable peut-on faire confiance à une personne qui change d'avis ? Qui plus est dans un domaine – les sciences – où le doute est censé être de rigueur et le dogme un obstacle au progrès ? Est-ce la constance dans son combat qui fait de Greenpeace justement une organisation digne de confiance ? Pierre Kohler, chef des informations scientifiques de RTL pendant vingt ans, le formule ainsi[5] : « *La rhétorique écologiste est subtile car elle mêle le vrai et le faux, et se fonde largement sur une fausse science. Pour désigner cette fraction des écologistes durs, certains vont même jusqu'à parler d'"écostalinisme". Ce qui revient à dire que tout le monde doit penser de la même manière, et que ceux qui s'y refusent sont accusés d'être à la solde de l'ennemi, en l'occurrence l'industrie.* » Un grand nom de l'écologie,

4 Préface du livre *Le nucléaire, avenir de l'écologie ?*, *op. cit.*
5 Pierre Kohler, *L'Imposture verte*, Albin Michel, 2002, p. 12.

Hugh Montefiore, le cofondateur des Amis de la Terre, en a d'ailleurs fait les frais. Patrick Moore[6] : « *Hugh Montefiore, défunt évêque, fondateur et administrateur de Friends of the Earth (Royaume-Uni), a été contraint de démissionner après avoir écrit un article pronucléaire dans un bulletin paroissial. Ses opinions ont été, comme au temps de l'Inquisition, excommuniées par le clergé antinucléaire.* »

Un autre « outsider » a eu l'outrecuidance de « changer d'avis ». Bjorn Lomborg est professeur de statistiques à l'université d'Aarhus au Danemark et directeur de l'Institut danois d'évaluation de l'environnement. Voici ce qu'il raconte dans l'avant-propos de son livre[7] : « *L'idée de ce livre est née* [en lisant] *une interview de l'économiste américain Julian Simon* [...]. *Il soutenait que la plupart des connaissances traditionnelles que nous avons de l'environnement reposent sur des préjugés et des chiffres inexacts.* [...] *Simon insistait sur le fait qu'il s'appuyait uniquement sur des chiffres officiels auxquels tout le monde peut avoir accès et que tout le monde peut utiliser pour vérifier ses dires.* [...] *Membre de Greenpeace de longue date*[8], *politiquement à gauche, je m'occupe de questions d'environnement depuis longtemps.* [...] *Je n'avais cependant jamais remis en question ma conviction que l'environnement se détériorait sans cesse, et voilà que Simon*

6 AIEA, Bulletin 48/1, septembre 2006, p. 56.
7 Bjorn Lombord, préface de Claude Allègre, *L'Écologiste sceptique*, Le Cherche Midi, 2001, p. 11 et 71.
8 Il ne l'est plus.

me demandait de la passer au microscope. À l'automne 1997, je constituai un petit groupe d'étude avec dix de mes meilleurs étudiants. [...] *En toute honnêteté, nous pensions démontrer que la plupart de ses thèses étaient purement et simplement une propagande américaine de droite. En fait, certaines de ses affirmations n'étaient pas justes mais, en revanche, un grand nombre soutinrent l'examen et infirmaient ce que nous croyions savoir* [...]. *Je contactai alors un des grands journaux danois de centre gauche, le* Politiken, *équivalent du* Monde, *et proposai d'écrire une série d'articles sur la façon dont nous abordons les divers problèmes environnementaux. Il en résulta quatre articles qui déclenchèrent au Danemark une polémique virulente à laquelle tous les journaux firent écho* [...]. *J'eus la surprise de constater que la seule réaction émanant de nombreux groupes environnementaux était une réaction primaire de déni pur et simple.* [...] »

Parmi les nombreuses caractéristiques du discours antinucléaire, on relèvera également cet autre postulat de Greenpeace : plus on est nombreux, plus on a raison. L'émission d'Euronews déjà citée, dans laquelle le responsable nucléaire de Greenpeace débat avec le président de l'Association des écologistes pour le nucléaire (AEPN), commence avec une introduction du second. Celui-ci explique qu'il préside une association d'écologistes qui prône le nucléaire, et le responsable de Greenpeace de lui rétorquer que Greenpeace « *et globalement l'ensemble du mouvement éco-*

logiste… vous êtes peut-être l'exception au niveau mondial », est contre l'énergie nucléaire. Ce à quoi son interlocuteur répond que son association compte « *plus de 9 000 membres et signataires dans 56 pays* ». L'aura de l'AEPN étant minime par rapport à celle de Greenpeace, cela semble justifier en soi l'argumentation antinucléaire du Goliath médiatique de l'environnement. Parmi les membres de cette AEPN, on compte d'ailleurs le chef de file du mouvement écologiste depuis les années 60 : James Lovelock. Ce chercheur a inventé les appareils qui permettent de détecter le DDT, les capteurs des appareils de spectrométrie et est détenteur des droits de 40 brevets. Il est l'un des auteurs les plus respectés dans le domaine de l'écologie. Il est également l'auteur de *La Théorie de Gaïa*, livre dans lequel il décrit la Terre, Gaïa, comme un être vivant capable de s'autoréguler afin de maintenir à sa surface les conditions les plus propices à la vie. Au final, le point commun des écologistes cités dans ce chapitre est des plus simples : ils ont « changé d'avis ».

Pour conclure

Ces pages avaient pour objectif de démontrer que les arguments scientifiques généralement avancés pour condamner l'industrie nucléaire sont infondés. Il y a de nombreuses raisons de désapprouver la politique énergétique de la France. Elles peuvent être économiques, industrielles, politiques, techniques, idéologiques, etc., et en tant que telles sont toutes respectables. Mais il faut savoir de quoi on parle.

Le but premier du réseau « Sortir du nucléaire » n'est pas de mettre en lumière les problèmes et dangers réels du nucléaire, dans un but altruiste d'information et de mise en garde du public. Si tel était le cas, il informerait également des progrès réalisés depuis soixante ans dans ce domaine. Son véritable objectif est de faire disparaître l'industrie nucléaire, coûte que coûte. Pour y arriver, sa tactique est d'une part de mélanger les genres, d'autre part de mêler le vrai et le faux. Dans le premier cas, il pourra accuser l'industrie nucléaire de ne pas avoir rendu la France plus indépendante du point de vue énergétique, en évoquant le fait que les voitures fonctionnent toujours avec un moteur à essence. Or, ce problème ne relève pas du domaine du nucléaire en tant que tel, mais de la sphère politique. Dans le second cas, il affirmera par exemple qu'une étude met en évidence un lien **de cause à effet** (un événement qui en implique forcément un autre) – **faux** – entre l'incidence de leucémies et l'excès de radioactivité généré par la proximité de centrales nucléaires, alors que les études ont établi une simple **corrélation** (un événement coexiste, sans y être lié, avec un autre événement) – **vrai** – dont les **causes**, nous l'avons vu, peuvent être multiples.

Il est nécessaire, pour débattre de manière constructive d'une question aussi complexe que l'exploitation de l'électronucléaire, de compartimenter les différents domaines qui entrent en jeu, afin de prendre des décisions en toute connaissance de cause. Ne pas s'y astreindre revient à brouiller les cartes, ce qui passionne inutilement les débats, faisant le jeu des lobbies de tous ordres.

Il semble actuellement illusoire d'espérer des médias qu'ils accomplissent ce travail de vulgarisation scientifique, pourtant nécessaire et urgent. S'ils le voulaient, non seulement cela aurait été fait depuis bien longtemps, mais l'article du quotidien national *La Croix*[1] indique plutôt une

---

1 Voir chapitre 9 : « Le nucléaire reste un sujet interdit », *La Croix*, Événement, 22 mai 2007, p. 3.

volonté contraire : l'industrie nucléaire y est arbitrairement déclarée « *une des plus pollueuses de France* » par le porte-parole de « Sortir du nucléaire », sans même que le ou la journaliste qui recueille ces propos ne vérifie la véracité de l'accusation. On peut également citer Jean-Marc Jancovici. Consultant pour l'ADEME, l'IRSN ou le ministère de l'Industrie, il dénonce également les mensonges à propos du nucléaire sur son site Internet[2]. Le 14 janvier 2003, il a été nommé président du Comité consultatif du débat national sur l'énergie. Voici ce qu'il relate[3] : « *J'ai reçu* [le message suivant] – *identique sur le fond, différent dans la forme – de deux journalistes différents de média "de premier rang" dans notre pays (échange de messages privés) : "Je suis parfaitement d'accord avec ce que vous dites sur le nucléaire, mais ne peux l'écrire à cause de ma hiérarchie".* »

Alors comment faire ? Qui **croire** ? Personne, évidemment : la **science** ne relève pas de la **croyance**. Il n'est pas nécessaire d'avoir une « formation scientifique » pour démasquer les supercheries. Un exemple simple : lorsqu'on prend conscience des doses « extrêmes » de radioactivité naturelle que peuvent recevoir les populations de certaines régions du globe, les personnels navigants des avions ou les patients lors de certains actes médicaux, sans pour autant que cela cause des milliers de cancers, il n'est pas difficile,

2 www.manicore.com
3 http://www.manicore.com/documentation/articles/debat.html

au-delà des querelles de chapelle, de se rendre compte que « l'empreinte radioactive » de l'industrie nucléaire française sur l'environnement est négligeable. Tout ce dont il s'agit, c'est de bon sens et d'esprit critique.

Tout va-t-il donc au mieux dans le meilleur des pays nucléaires ? Certainement pas. Comme cela a déjà été souligné, le fait que le nucléaire soit potentiellement dangereux a été pris en compte dès la naissance de cette industrie. C'est pourquoi tout était fait pour assurer une sécurité maximum. Mais cette époque est révolue. L'objectif de ces dernières décennies était simple : fournir aux Français une énergie bon marché dans les meilleures conditions de sécurité. Aujourd'hui cet objectif a changé : EDF doit faire gagner de l'argent à l'État. Un responsable d'EDF a récemment « brisé la loi du silence[4] » : « *Pendant plus de trente ans, la maintenance, l'entretien des centrales ont été assurés par des agents statutaires d'EDF, dont le salaire était à la hauteur des responsabilités assumées. Mais cette sécurité a un coût incompatible avec la rentabilité maximale. Lorsqu'il s'est agi pour EDF de devenir une machine à gagner de l'argent pour son actionnaire, l'État, il est devenu impératif de changer les pratiques et les mentalités.* […] [À partir de 2000] *les critères financiers sont devenus les seuls à être retenus. La rentabilité des capitaux engagés est devenue l'alpha et l'oméga de la*

4 Éric Ouzounian, *Vers un Tchernobyl français ? – Un responsable d'EDF brise la loi du silence*, Nouveau Monde éditions, avril 2008.

politique gouvernementale. [...] [Auparavant] *les ingénieurs étaient responsables des aspects techniques et de la gestion des contrats et des achats. Ils les pilotaient. Avec des personnes qui avaient une connaissance, une technicité, et qui pouvaient gérer les contrats avec les fournisseurs. Puis, au début des années 2000, on a commencé à séparer ces fonctions, d'un côté les techniciens, d'un autre les acheteurs. Les acheteurs ont été mis en avant pour avoir un effet de levier financier, puisque les seuls critères de rentabilité s'appliquaient.* [...] *On a vu par exemple des directeurs des achats nommés alors qu'ils n'avaient aucune connaissance du nucléaire* [...].

« *Au début de l'activité nucléaire, un grand nombre de petites entreprises travaillaient pour EDF. Les salariés du nucléaire avaient le temps de bien exécuter le travail. De l'avis général, il y avait même de la marge. L'importance de ce type de tâches était reconnue, il était inconcevable d'envisager de faire des économies sur un aspect aussi important de la maintenance. EDF a ensuite assigné des temps maximaux aux activités, et il y a eu des regroupements d'entreprises, puis le temps des groupes comme Suez, Framatome ou Westinghouse est arrivé. La rentabilité et la rémunération des actionnaires sont devenues prioritaires. L'activité est devenue précipitée, les conditions de travail se sont dégradées lentement. Maintenant, le stress des salariés a franchi un cap pour atteindre des sommets. EDF en est au sixième suicide de salarié* [...].

« *L'organisation du travail est conçue, les procédures sont rédigées de telle sorte que si jamais un problème survient chacun (ASN, direction d'EDF) soit en mesure de dire : ce n'est pas ma faute. C'est donc logiquement sur l'intérimaire que va rejaillir toute la responsabilité.* [...] *La part que prend la sous-traitance dans les centrales est énorme. Pour les arrêts de tranche, dans tous les sites de France, elle représente entre 80 et 85 % de l'activité nucléaire, ce qui comprend l'entretien, le rechargement et les réparations réglementaires ou fortuites.* »

Ce haut responsable d'EDF résume ainsi la situation du nucléaire français : « *"Sortir du nucléaire" effectue pourtant un remarquable travail d'information et d'alerte, mais son dogmatisme l'empêche d'être pris au sérieux par les partisans du nucléaire.* [...] *Cet amalgame fait bien l'affaire d'EDF, et de sa direction, qui croit ainsi être dispensée de répondre sur le fond à certaines accusations. Et qui peut poursuivre en toute tranquillité son œuvre d'amélioration de la rentabilité.* »

GLOSSAIRE

Nucléaire :

Becquerel : Unité qui correspond à une désintégration radioactive par seconde.

Désintégration radioactive: Transformation d'un atome radioactif en un autre atome (radioactif ou pas).

Gray : Unité qui correspond à une dose d'énergie absorbée par un corps : 1 gray = 1 joule/kilo.

Isotope : Deux atomes sont dits isotopes lorsqu'ils ont le même nombre de protons mais un nombre de neutrons différent.

Période : Temps nécessaire pour que la moitié des atomes d'un élément radioactif se désintègre.

Sievert : Mesure de la « dose efficace ». Equivalent statistique de la « douleur » provoquée par une irradiation. Impact annuel de la radioactivité naturelle en France : 2.4 mSv (millisieverts), de la radioactivité issue du milieu médical : 1mSv, et de la radioactivité issue de l'industrie nucléaire: 0.01 mSv.

Uranium : Trois isotopes de l'uranium sont présents à l'état naturel : ^{238}U ; ^{235}U et ^{234}U. Présents dans presque tous les milieux, les proportions entre les trois isotopes formant l'uranium naturel sont quasiment les mêmes partout: ^{238}U : 99,28% ; ^{235}U : 0,71% ; ^{234}U : 0,0054%.

Organisations :

SCPRI : Service central de protection contre les rayonnements ionisants aujourd'hui intégré à l'IRSN
IRSN : Institut de Radioprotection et de Sûreté Nucléaire
CEA : Commissariat à l'Energie Atomique
AEPN : Association des Ecologistes Pour le Nucléaire
RTE : Gestionnaire du Réseau de Transport d'Electricité

Bibliographie

Livres

BARTHE, Yannick, « *Le pouvoir d'indécision – La mise en politique des déchets nucléaires* », Éd. Economica, Coll. Études politiques, 2006.

BARRE, Bertrand et BAUQUIS Pierre-René, « *Comprendre l'avenir – L'énergie nucléaire* », Hirle

BONCHE (sous la direction de), Paul, « *Le nucléaire expliqué par des physiciens* », EDP Sciences, 2005

COMBY, Bruno, « *Le nucléaire, avenir de l'écologie ?* », Éd. TNR, disponible sur www.comby.org

DESSUS, Benjamin, « *Énergie : un défi planétaire* », Belin, 1999

GIN, Stéphane, « *Les déchets nucléaires, Quel avenir ?* », préface de Robert Guillaumont, Dunod, 2006, UniverSciences

IRIBARNE (d'), Philippe, « *Les français et les déchets nucléaires* », CNRS, 2005

KERVASDOUE, Jean de, « *Les prêcheurs de l'apocalypse* », Plon, août 2007

KOHLER, Pierre, « *L'imposture verte* », Albin Michel, 2002

KUHN, Thomas, « *La structure des révolutions scientifiques* », Éd. Flammarion, 1999.

LOMBORD, Bjorn, « *L'écologiste sceptique* », préface de Claude Allègre, Éd. Le cherche midi, 2001

MACNEILL, Jim, WINSEMIUS, Pieter, YAKUSHIJI Taizo, « *Beyond Interdependence – The Mesching of the World's Economy and the Earth's Ecology* », Oxford University Press, 1991

OUZOUNIAN, Éric, « *Vers un Tchernobyl français ? – Un responsable d'EDF brise la loi du silence* », Éd. Nouveau monde, avril 2008

REUSS, Paul, « *L'énergie nucléaire* », Que sais-je, PUF, 1999

Documents

ANDRA, « *Inventaire national des déchets radioactifs* », Collection Les Rapports, 2006

ASSOCIATION ROBIN DES BOIS, « *La radioactivité naturelle technologiquement renforcée* », décembre 2005, Étude réalisée à la demande de la Direction Générale de la Sûreté Nucléaire et de la Radioprotection

ASN, Dossiers Contrôle

CEA, Clefs, « *Déchets radioactifs : des solutions en progrès continu* », n° 53, hiver 2005-2006

IRSN, « *Guide méthodologique pour l'acceptation de déchets présentant une radioactivité naturelle dans les installations classées d'élimination* », Direction de l'environnement et de l'intervention, Service d'analyse des risques liés à la géosphère, 2006,

Office parlementaire d'évaluation des choix scientifiques et techniques, « *Rapport sur les nouvelles technologies de l'énergie et la séquestration du dioxyde de carbone : aspects scientifiques et techniques* », Assemblée Nationale, le 15/03/2006

Centre d'analyse stratégique, « *Perspectives énergétiques de la France à l'horizon 2020-2050* », 25/09/1007, disponible à http://www.strategie.gouv.fr/article.php3?id_article=675

Pour en savoir plus

www.ecolo.org Site de l'AEPN (Association des Ecologistes Pour le Nucléaire). 9000 membres et signataires dans 56 pays

Forum [nucleaire] dans les Groupes de Yahoo. Ce groupe a l'avantage de faire ce que le lobby nucléaire devrait faire mais ne fait pas : expliquer, critiquer, poser des questions de fond, vulgariser le nucléaire.

www.criirad.org Commission de Recherche et d'Information Indépendantes sur la Radioactivité

www.sortirdunucleaire.org Regroupement d'associations antinucléaires

www.sfen.org Site de la Société Française d'Énergie Nucléaire

Les trois organismes suivants mettent gratuitement leur documentation scientifique à disposition :

www.cea.fr Site du Commissariat à l'Énergie Atomique

www.asn.fr Autorité de Sûreté Nucléaire

www.andra.fr Agence Nationale pour la gestion des Déchets Radioactifs

Sur l'éolien industriel :

www.ventdecolere.org Site de l'association Vent de colère qui lutte contre l'éolien industriel

www.planete-eolienne.fr Fédération des énergies du vent ayant pour but de promouvoir l'énergie *éolienne*

Quelques débats à écouter

http://www.economist.com/audio/displaystory.cfm?story_id=7959969 (en anglais)
Débat sur l'utilité du nucléaire dans le contexte du changement climatique

http://environnementdurable.net/documents/html/frinter220207.htm

http://www.environnementdurable.net/documents/html/europ1-26-10-07.htm

À propos de l'éolien industriel

TABLE DES MATIÈRES

Achevé d'imprimer par

CPI

Imprimerie France QUERCY
46090 Mercuès

N° d'impression : 82064
Dépôt légal : octobre 2008

Imprimé en France